建筑与环境艺术

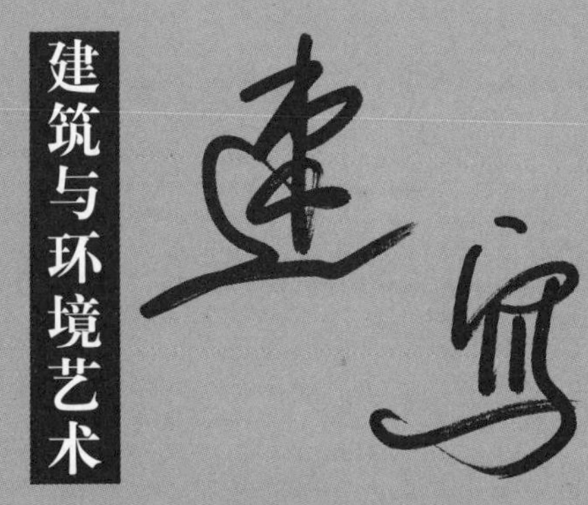

第五届全国高等美术院校建筑与环境艺术设计专业教学年会速写作品展

SKETCHES EXHIBITION OF THE 5TH SPECIAL FIELD TEACHING ANNUAL MEETING OF ARCHITECTURE AND ENVIRONMENT DESIGN DEPARTMENTS OF FINE ART SCHOOLS IN CHINA

吴昊 主编

中国建筑工业出版社

图书在版编目（CIP）数据

建筑与环境艺术速写/吴昊主编．—北京：中国建筑工业出版社，2008
（第五届全国高等美术院校建筑与环境艺术设计专业教学年会速写作品展）
ISBN 978-7-112-10420-8

Ⅰ.建… Ⅱ.吴… Ⅲ.①建筑艺术－速写－中国－现代 ②环境设计－速写－中国－现代 Ⅳ.TU-88

中国版本图书馆CIP数据核字（2008）第157371号

装帧设计：韩 亮
责任编辑：唐 旭 李东禧
责任设计：张政纲
责任校对：汤小平

第五届全国高等美术院校建筑与环境艺术设计专业教学年会速写作品展
吴 昊 主编

*

中国建筑工业出版社出版、发行（北京西郊百万庄）
各地新华书店、建筑书店经销
北京嘉泰利德公司制版
北京云浩印刷有限责任公司印刷

*

开本：889×1194 毫米 1/20 印张：14⅕ 字数：378 千字
2008 年 11 月第一版 2017 年 7 月第四次印刷
定价：**39.00** 元
ISBN 978－7－112－10420－8
（17344）

参展单位

中央美术学院
清华大学美术学院
上海大学美术学院
中国美术学院
西安美术学院
天津美术学院
鲁迅美术学院
四川美术学院
湖北美术学院
广州美术学院
山东工艺美术学院
青岛理工大学艺术学院
同济大学
南开大学文学院
浙江理工大学艺术与设计学院
浙江大学建筑学院
深圳大学
西安建筑科技大学
西安石油大学
西安工程科技大学
西北农林科技大学
陕西科技大学艺术与设计学院
西安交通大学
中国建筑西北设计院
东北大学艺术学院
大连工业大学

建筑与环境艺术速写作品展主办单位

中央美术学院

中国建筑工业出版社

西安美术学院

建筑与环境艺术速写作品展指导单位

中国美术家协会艺术委员会

建筑与环境艺术速写作品展承办单位

西安美术学院

主编：吴　昊

编委会主任：杨晓阳

副主任：郭线庐　王胜利

编委：马克辛　王海松　石村　吕品晶　苏丹　吴昊

李东禧　张惠珍　贺丹　赵健　唐旭　黄耘　彭军

（编委按姓氏笔划排序）

2004年秋中央美术学院与中国建筑工业出版社倡导举办“第一届全国高等美术院校建筑与环境艺术专业教学研讨会”，引起了全国十大美术学院以及部分建筑类院校、综合大学艺术学院的积极响应。其原因很简单，就是有感于建筑专业在美术院校的重新复苏，兴趣于建筑与环境艺术设计教学的综合交流与研讨。正因如此，在中央美术学院首届教学研讨之后，在全国建筑院校及美术院校产生了很强烈的反响。

2005年浙江理工大学举办“第二届全国高等美术院校建筑与环境艺术设计专业教学研讨会”。

2006年11月，上海大学举办“第三届全国高等美术院校建筑与环境艺术设计专业教学研讨会”，同期由中央美术学院、中国建筑工业出版社、上海大学美术学院联合举办全国相关院校建筑与环境艺术专业学生作品展，并命名为“首届全国高等美术院校建筑与环境艺术专业学生作品双年展”。

2007年11月又在四川美术学院举办了“10×5首届美术院校建筑及环境艺术专业教师作品提名展”，成为双年展过程中的一项有益尝试。这四次研讨会的成功举办，很快形成了建筑设计及环境艺术设计教学交流的互动平台，这项有历史意义的专业教学研讨交流得到了主办学校领导的高度重视，并在国内建筑环境艺术界产生了深远的社会影响。

2008年11月“第五次会议在西安美术学院举行，并将原来的“高等美术院校建筑与环境艺术设计专业教学研讨会”更名为“全国高等美术院校建筑与环境艺术设计专业教学年会”，本届会议主题为“基础课程教学研讨”。围绕这一主题，同时举办

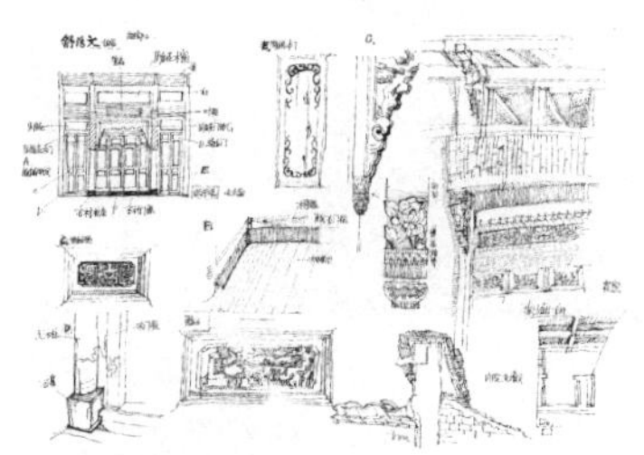
中央美术学院　一等奖作品《西递民居测绘》

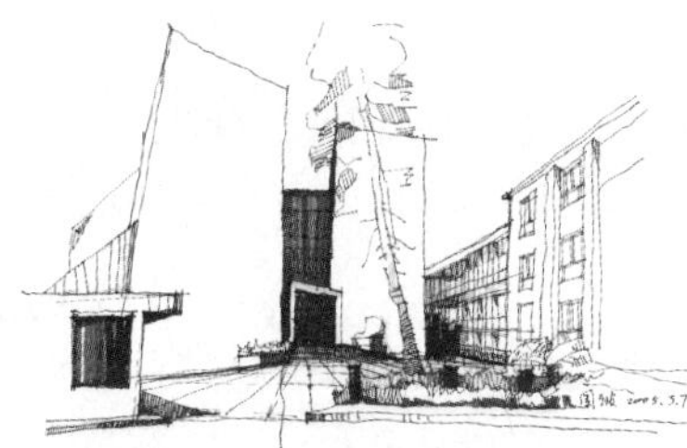
广州美术学院　一等奖作品《广州老城区》

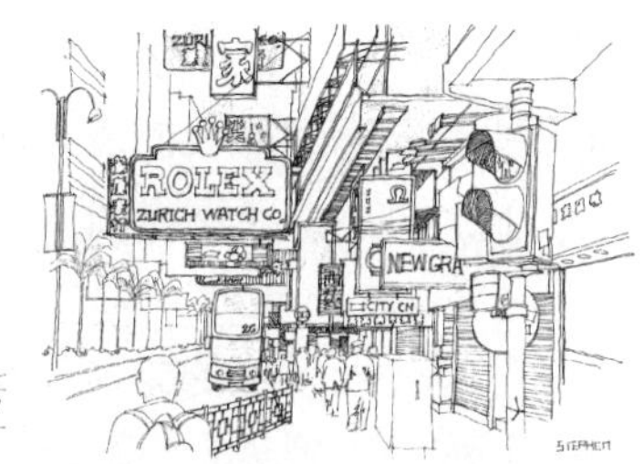

清华大学美术学院　一等奖作品《香港印象》

“建筑与环境艺术设计速写作品展”，为此特出版了这本专业性较强的《建筑与环境艺术速写作品集》。

这次全国性大学生建筑与环境艺术速写作品展共收到来自全国近 30 所高等院校建筑学专业、环境艺术专业及室内设计、园林设计专业学生的近千幅建筑速写作品，其中有近 300 余件获奖作品集结出版，在这里与广大读者见面。

就获奖作品而论，这次大展评选出一等奖 12 名，二等奖 25 名，三等奖 43 名。值得一提的是，一等奖作品中中央美术学院获奖的《西递民居测绘》是一幅表现徽派民居西递院落的作品，作者在速写的同时，注意对民居装饰构造的刻画，在画面中整体考虑木雕、砖雕及装饰纹样、建筑构件的具体表现，让建筑速写不仅仅是一种技能性美术化的表现语言，而特别在于利用速写这样一种形式，认真记录建筑与环境艺术的节点、构造及材料做法等内容。广州美术学院一等奖作品《广州老城区》，则强调专业绘画特性，讲究速写的专业语言组织，作品与设计专业结合紧密，有着鲜明的专业特色，这类建筑速写已超出“唯美”表现，作品不仅具有较高的审美水准，同时也不失为设计美与技术美的有机结合。清华大学美术学院参展作品，整体水平较强，一等奖作品《香港印象》通过建筑速写形式“速记”香港城市有历史记忆的符号，速写成为一种摄影不能取代的表达手段，这幅作品的本身也反映出了一种灵活多样的信息。

中国美术学院的参展作品很大程度上反映出速写语言表达的特殊性与生动性，二等奖作品《浙江民居考察系列作品 1》是依靠图文并茂的语言记录考察中所得到的一切信息。这些信息是借用建筑速写图式语言并附个人的认识与感受、逻辑性的分析并提取了民居中最具代表性的设计实例，使人一目了然。这样的版式说明设计师的思维方式是需要速写图式语言的再现，才使人们最快地看清楚设计的思维过程与其价值所在。正因如此，中国美术学院的民居考察与园林考察数十年一直坚持采用这种行之有效的方法，使建筑学与环境艺术设计专业的学生借速写这种手段在诠释着自己的设计与思维表达。这也体现了建筑速写在专业表现中所扮演的特性角色。

西安美术学院参展作品总体比较突出，在杨晓阳院长提倡全院学生完成“千张速写”的计划背景下，建筑环境艺术系将建筑速写与建筑设计教育结合起来，提高建筑与环境艺术专业学生的审美、修养、创

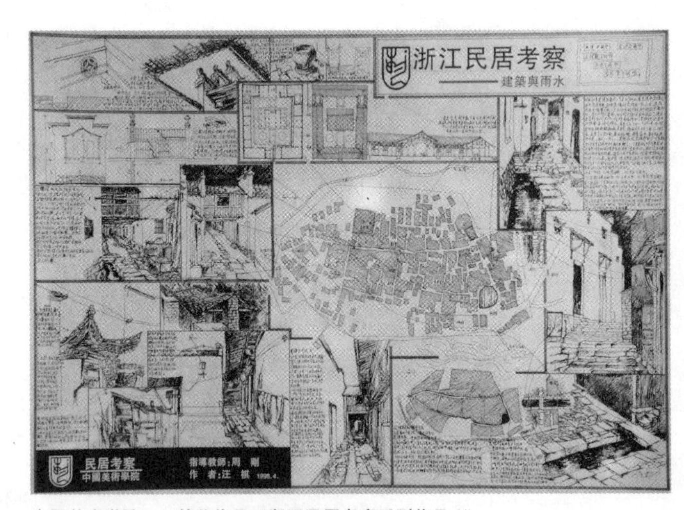

中国美术学院　二等奖作品《浙江民居考察系列作品 1》

造思维、语言表达、动手能力等各个方面，具体做法是将建筑速写课与民居测绘结合起来，要求学生既把握宏观的建筑风貌与特色，同时又应认真细致地对其进行技术性考证与测绘，尽可能去吃透民居建筑及古建筑的风格与构造、材料与装饰、施工与技术。

由于是全国范围内建筑速写作品大展，因此，吸引了全国十大美术学院，建筑类“老八校”，以及浙江大学、东北大学、南开大学、深圳大学等众多院校的积极参与。从获奖作品中我们不难看出，院校之中交流的真正意义仍体现在各自对专业设计的不同理解和不同认识上。建筑类院校虽说手头功夫有一定的局限性，但在所刻画与表现的建筑结构上准确细致，有其理解与追求；美术类院校有着共同的特性，反映在手绘表达能力所带来的画面轻松感，甚至还有些学生已流露出个人语言风格的样式。无论如何这次全国范围内各院校踊跃参与的本届大学生建筑与环境艺术速写作品展，都为参与这次大展的学生和未能参与这次展览的在校学生提供了一个很好的学习与交流的平台。

中国画大师叶浅予谈速写的三点要领是“目识”、“心记”、“意测”，从中不难看出速写的目的不应该只是再现自然本身，叶先生的三点强调的是“看”、“记”、

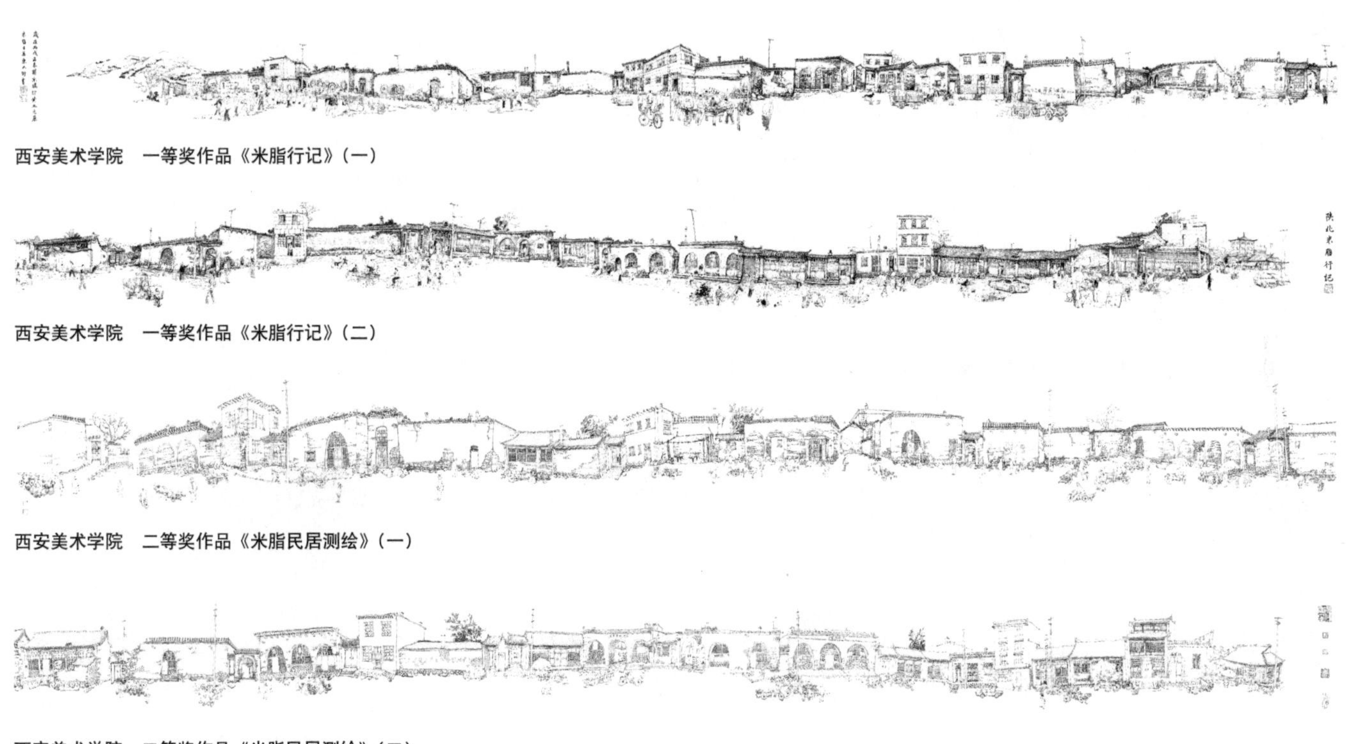

西安美术学院　一等奖作品《米脂行记》(一)

西安美术学院　一等奖作品《米脂行记》(二)

西安美术学院　二等奖作品《米脂民居测绘》(一)

西安美术学院　二等奖作品《米脂民居测绘》(二)

“想”三者的综合，缺一不可。“目识”要注意观察与分析，“心记”则强调概括与默写，“意测”是有思想的取舍与归纳表达。我们从中可以清楚速写不是一个可要可不要，或是可有可无的训练，作为艺术设计，速写仍发挥着巨大的创造作用。

本届建筑与环境艺术速写展虽是建筑与环境艺术专业教学研讨活动的首次展览，但在全国大学生各类作品大赛中，建筑与环境艺术速写这样的专题性交流大展实属首届。为此应特别感谢中国建筑工业出版社、中央美术学院与我校共同合办本次颇具规模的大学生建筑与环境艺术速写展，并感谢对本届大展的重视与支持。

感谢兄弟院校特别是美术类院校以外的建筑类“老八校”及其他综合类高等院校的积极参与和支持。

西安美术学院建筑环境艺术系　主任　教授

2008 年秋

目 录

现场实录

豆浆

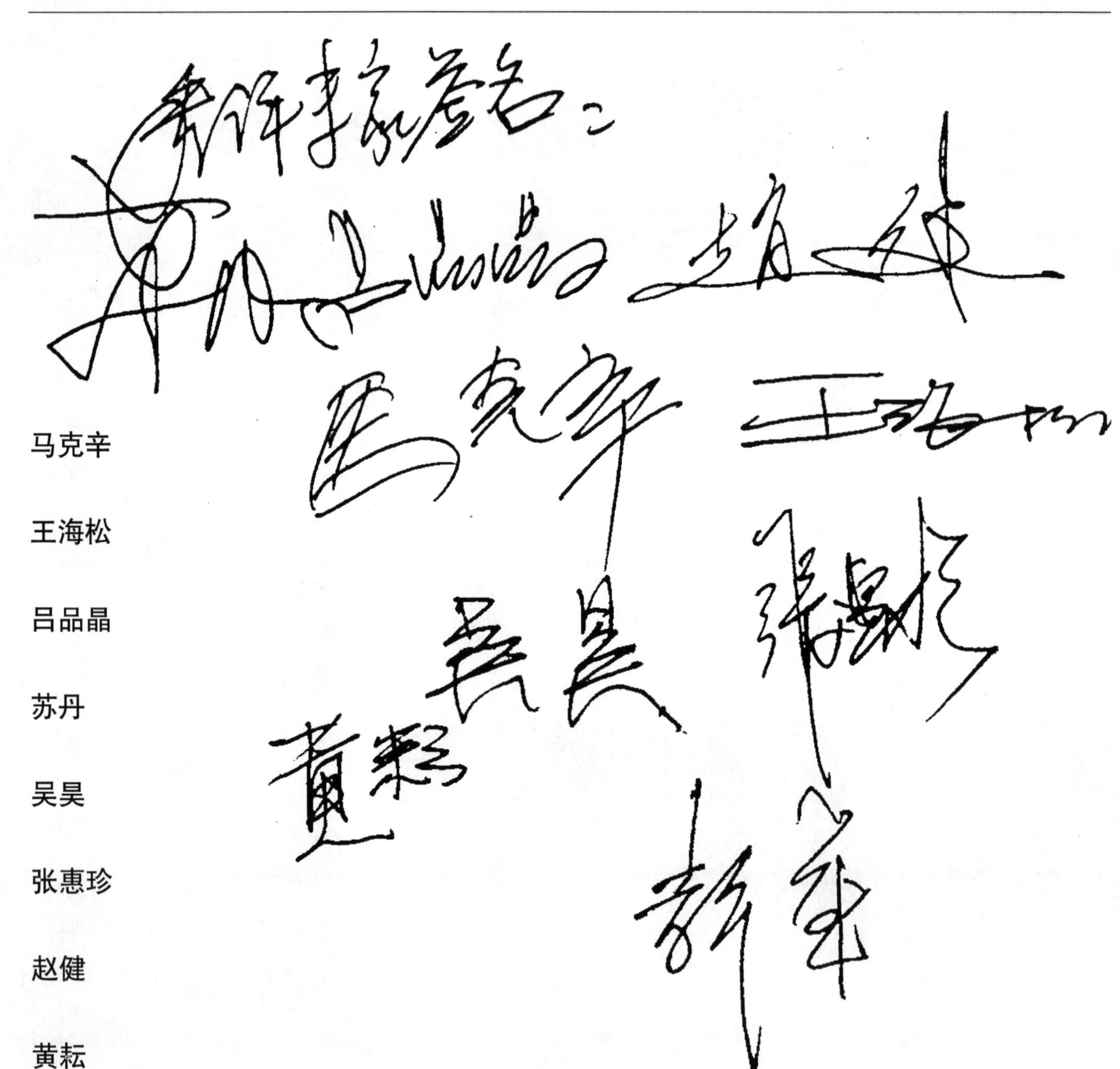

马克辛

王海松

吕品晶

苏丹

吴昊

张惠珍

赵健

黄耘

彭军

专家撰文
（按姓氏笔划排序）

马克辛　鲁迅美术学院
环境艺术系　主任　教授

这一次全国部分院校学生建筑与环境艺术速写作品展，是具有代表性的十几所院校，首次在基础课教学层面上，教学成果的公开展示。以往全国性各院校之间经常举办专业设计类的大赛和作品展，但很少在基础教学方面进行沟通。其实，在建筑环艺专业本科教学中，基础课的教学主张、思路，至关重要，它直接关系到设计人才的培养类型、特点，以及办学特色。此次建筑与环境艺术速写优秀作品评展，作为一个课程教学成果的交流，启动了各校之间基础教学研讨、互动与广泛交流的开始。让我们看到了各校之间由于教学主张的差异，及导致的教学效果的不同。这对于深化设计学科教学改革，教学人才培养模式的目标定位有着特别的意义。

今天的建筑速写与20世纪80年代前的建筑速写在概念上本无差别。但内涵上发生了很大的变化和不同。30年前教学课程中的风景写生，是必修的一门课，它是建立在写实和熟练的绘画基本能力培养上的、比较单一化的建筑速写。因为受条件的制约，当时的速写是设计师写生能力的培养，收集素材和获取灵感的主要手段。随着网络信息、数码影像的日渐发展，获取视觉信息的方式不再是仅仅依靠熟练的速写方式。利用网络高新电脑技术，可以更快捷地获取你所需要的细致完整的视觉形象，以及复杂的内部的结构语言，甚至所有的技术参数等，都能在你手中操作的电脑上几分钟之内获取。

接下来，当今建筑速写课需研究的内容和要解决的问题，显而易见不同于以往。它已从被动的写生模仿，开始走向主观性的创意，并注重培养学生如何思考观察，提取、概括并升华。为了以后的设计，有针对性、有目的地进行个性化速写，便成为建筑写生的主流趋势。于是我们在今天的建筑写生优秀作品展览中，看到了如中央美术学院具有测绘与图解性质的速写，清华美院具有主观形式美感，艺术性较强的速写，以及广州美院具有空间创意性的设计速写，都与以往朴素写实的速写记录有着很大的区别。

速写作为基础而言，依然保持着学生对造型能力的培养，快速地勾画出空间状态与物像结构对建筑艺术语言深入的了解，更重要的是如何通过速写写生拓展思维，将理论知识融于实践，这是当今培养设计专业创新型人才的必备基础。

王海松　上海大学美术学院
建筑系　主任　教授

速写需要手和脑。脑的思考程度决定了图面的内涵，手的贯彻程度决定了图面的效果。画什么内容，是局部还是全部，是结构还是肌理，是头脑思考的结果；怎么画，是线条还是明暗，是写实还是概括，也是头脑思考的结果。但是，光有思考和理解，手的训练不到位，头脑中的东西就得不到贯彻。无论画什么内容，线条的流畅与否、形体的准确与否，构图的生动与否，直接决定了速写作品的完成度。因此，手与脑的紧密结合是完成速写的重要保证。

速写是一种记录。它可以记录已经存在的东西，也可以记录头脑中的东西。由于所需材料的简便、完成过程的快速，速写是所有设计师、艺术家记录形象的有效手段。它可以记录下眼睛所看到的所有东西，也可以记录下头脑中所闪过的念头，它直观、自由、简洁、生动。作为一种工具，它可以不用像最终成果那样完美，只要能解决问题。因此，它可以不那么完整，可以不那么漂亮，只要能留住该留住的。

速写又是一种无法被替代的技能训练。在当今时代，许多建筑师、设计师的最终图纸都是通过电脑完成的，许多设计高手都俨然是“电脑高手”。但是，不可否认的是，再高明的计算机软件都无法替代设计者的构思，再先进的电脑都无法培养设计师的设计素养。速写是设计师推敲构思、完善设计的重要手段，又是熏陶设计素养的重要途径。没有扎实的速写功底，就没有了自由的表达能力，设计师的思维会受到极大的制约。因此，速写能力的培养是建筑师、设计师教育初级阶段中必需的环节。

对于建筑学及环境艺术设计专业的学生来说，速写是一项重要的基础训练。在各传统建筑院校和美术院校中，速写训练是低年级学生的传统科目。此次全国高等美术院校建筑及环艺专业学生的速写作品评展取得了丰硕的成果，极大地推动了各学校之间的教学交流，对各校的学子裨益甚多。

吕品晶　中央美术学院
建筑学院　院长　教授

一般而言，速写是造型艺术训练的基础，它包含了线条、明暗、比例、透视、构图等方面的内容，是造型艺术专业中塑造能力培养的有效途径和素材积累的有效工具。速写训练也广泛地应用于建筑与环境艺术设计基础教学中，如何结合专业特点进行教学，是一个需要深入思考的问题。

有人说，创造力实际上是把我们所知道的重新编排，从而找出我们所不知道的。因此，我们如果想进行创造性思维，就必须从一个全新的视角来观察那些我们习以为常的事物。学会如何观察、发现，是速写所应具有的越来越重要的教学功能。

美好事物激发的感觉，与创造过程息息相关，速写就是要训练这种对美好事物感知的敏锐性。我们所描述的对象，包含着巨大的信息容量，速写不仅仅是通过转动眼球去观察，把它们如实地再现、精准地描述出来，这既不可能，也没有必要。如何甄别、选择，取决于对对象的感知敏锐程度和对内涵的把握程度，速写训练就是在短时间内的观察、判断、记录中提升这种能力。

速写更重要的还是心灵描述的重要手段，要捕捉稍纵即逝的灵感，让思考毫无羁绊地通过画笔流畅地显现出来，让思绪看得见，这种能力既帮助、启发你的进一步的思维，同时也把你的思想最有效地传达给别人，速写的能力成为思维与沟通能力的重要体现。

速写对于建筑与环境艺术设计专业而言，最重要的不是画得准确、画得漂亮，而是表达信息的效率、传达思想的流畅，因而，我们是否可以这样说，相比于造型艺术，建筑与环境艺术设计专业的速写训练，与其说是塑造能力的训练，不如说是抽象的审美能力的训练、思维和沟通能力的训练。

当你掌握了所有应该掌握的工具之后，你将发现最有效的工具往往是最简单的，速写就是这样一种最简单有效的工具，当面对纷繁复杂的外部世界和思绪万千的内心世界进行创造活动时，速写将是实现创造力的最有力的工具。这也就是速写在当今建筑与环境艺术设计基础教学中的意义。

苏丹　清华大学美术学院
环境艺术设计系　主任　教授

清华大学美术学院注重速写的训练，无论是造型专业还是设计专业，无论在入学前的考试还是在入学后的培养当中，速写都是不可或缺的内容。入学考试中速写是四门科目之一，但分数比值略小，相对于其他科目分数的四分之三，既说明其核心位置，也说明其虽处核心但未及根本。入学速写内容是人物速写，要求以线条勾勒为主，不允许着调，我想其意在于考核学生对整体结构的认识和把握。但人物速写和设计关系其实相当牵强，若是非说有，我倒认为应当把动态之中人物的骨骼关系予以概括是更妙的方案。

建筑学专业和环境艺术专业的速写训练是重要的教学内容，目的是让学生掌握一种认识建筑的方式和表达的能力。这种速写的目的和绘画的速写训练已有了本质的不同，绘画领域的速写无论是风景还是人物，其中的客观物象极大程度被主观扭曲和改变着，这是一种主观意识和客观物像古怪的叠加、投射、结合的结果，它是加密之后的图形。而设计领域的传统速写则以客观对象的概括、记录为主，它的特征是准确和概括。我想这在照相机没有普及的岁月是极为重要的一种认知、学习的方式。和绘画速写相比，设计中的速写似乎慢了许多，尤其当对象是中式的古典建筑或西洋的古典建筑时，烦琐的组织结构和堆砌的细节纵使你有三头六臂也很难快起来，此时速写的价值应当是辅助认识建筑的一种恰当的方法，就像记忆背诵讨厌的英语，手、眼、口的协调运动的效果方能更佳。由于建筑是生动的实物，描摹和记录时的快感大大超过了背诵英语的过程，因而速写有时虽然挺慢，但中间的过程趣味横生，速写者的快乐会悄然地改变客观的物质世界，并且这种快乐会像幽灵一般由纸面去感染他人，这时的速写就成为艺术了。我这个年龄段学习设计的人大都被何镇强先生的速写感染过，何先生的速写除了带给我们现代社会的信息之外，还赠予我们对“速”的惊叹和对“写”的感受。

在建筑现实世界和其他物质世界处于严重营养不良的岁月里，速写是一种极为重要的专业学习方式。通过廉价、简单的纸和笔对对象的描摹、记录，完成了心对建筑的细细历数，然后转化为珍贵的记忆文献。建筑速写的过程也强化了速写者和对象的感情，像是心理学中描述的母亲对幼儿的爱抚对情感的培育作用一样，像盲人悉悉索索对大象的触摸。这种情感的升华实则是一种朴素和现实主义的美育过程，它改良了人和物的关系。由于中国进入现代建筑语境的时间较晚，因此过去速写描摹对象大多是传统的中式建筑或殖民时期的欧式建筑，这两种建筑是中国建筑史中依稀闪烁的星光，在过去荒蛮的岁月中为我们树立了美好的建筑榜样。这种建筑的特点是构件繁多、组织严密、细节丰富。速写此类建筑对学生梳理复杂的表象元素是很有益的，有一些元素表面看似乎是细节，但细节之间相互承接的关系却是美学和技术的逻辑反映。同时这种学习过程也很有趣，繁复的细节强化了速写过程中的体力劳动特征，如同出家人诵经时手捻珠子，口若经轮般不断重复、轮回，以此来诱发一种潜在的巨大能量。

如果我们认定速写是一种学习设计的恰当（或必要）的方法，那么就必须对其摹写的对象有一个明确的要求，即这个对象所确立的方向应当和专业学习的特点、性质保持着大致的统一性。话说得更直白一点，设计专业的速写对象应当多选择那些包含大量设计信息的素材，比如具有典型意义的建筑、有趣味的街道空间、形式生动的细节处理等等，甚至也可以是设计精彩的工业产品，比如家具或交通工具什么的。因为好的东西才有必要去认识和了解，这种纸面记忆才会有价值。我认为在艺术和设计之间适当保持一个专业的边界是好的，因为设计速写应当有其明确的目的，即这种劳作不是为培养艺术家而准备的。个别的设计师成为速写高手，甚至炫耀速写的技巧，这也是一种事实，但绝不能成为主流。就如同虽然果树下生出一簇美丽和美味的蘑菇，但它结出更多的是果实的道理一样。由于中国的美术学院是艺术设计专业成长的摇篮，在“学习设计好榜样”的过程中，艺术家成为了更多的设计榜样，因此设计速写过程中应当警惕设计和艺术边界的模糊化。如果说艺术家速写簿中是意象，那么设计师的速写簿中应当是细节；艺术家在速写中可以施展抽象的技巧，设计家在其中显露的则是概括；艺术家可以描述残败凋零，设计师则必须礼赞完整、精致。我们永远不要忘记，设计师的使命是完成，艺术家的使命却可能是摧毁、解构。

在当代世界之中，和许多其他事物一样，速写也遭遇来自各方的挑战，照相机（尤其是数码相机）的普及已改变了设计师依赖速写记录的习惯。传统速写是从复杂的对象中挑选结构性的元素，而照相机却非常暴力地将对象全部攫取收入囊中，速度却是速写高手的百倍、千倍甚至万倍。一个不争的事实是当代多数设计师手上少了一个本一支笔，却多了一个机器。极力维护传统速写尊严的人也许认为使用相机还是不能替代速写作用，因为速写是在反复用眼、手来打量建筑，便于认识建筑。但我们设立的课程中不是还有比速写更为细致、慢条斯理般阅读建筑的测绘课么。许多人离谱地比喻速写和设计者的关系是“拳不离手，曲不离口”，这个比喻漏洞实在太大，因为拳是武术搏击者的功夫本体之一，曲乃艺人的本色功夫，都是最终解决问题的直接元素。我想速写和设计师日后的工作关系倒没那么密切，在我的周围许多设计师更是毕业之后便终生远离了那支笔和那本簿，但设计工作的业绩却未必逊色。

速写的权威性建立应当是在以手绘表现为主的那个年代，是设计表达方面的基础性训练。在一个崇尚写实和风格稳定时期，视觉的表达曾经牢牢地霸占着设计的话语，一个不成文的规则是你若想成为一个好的设计师，必须有一套过硬的手头功夫。于是前辈们示范青年们发奋，全国的设计界在手头功夫的培养方面注入大量的精力。当室内设计领域进入飞速发展时期，速写能力又在物质上获得了巨大支持。众所周知，建筑表现多以渲染为主，而室内表现则多以淡彩为主，淡彩的设计信息主要依赖其中的线对造型结构的表达。依靠速写所建立的表达和造型的基本功在一次次投标的过程中发挥了巨大的作用，同时亦获取了巨大的商业利润。若问何以如此成就，无他，惟手熟耳。当手绘高手们沉浸在一次次胜利之后的狂欢之际，来自计算机领域的一支暗箭已悄悄搭弓上弦，为其第二次重创进行着充分的谋划。计算机辅助设计在设计领域的努力，使得手绘在模拟现实场景、刻画细节等方面全线溃退，似乎使人们看到设计中手脑分离的希望。如今在设计行业中手绘效果图已如大熊猫般的珍贵，速写生存的空间和促其生长的能源业已在枯竭的边缘。

本次速写大赛是在向这正在衰竭而去的躯体招魂么？其实不然，我以为人的思维从来都离不开手，设计活动更是这样，手的活动乃心的活动之轨迹。高超的手绘捕捉思想的精彩闪念并在纸面上记录下来。当一段思绪终结之后，思想又会回过头来在手留下记号之处进行反复探究。因而我们又看到笔和纸存在的价值，而且我终于明白过去附加在纸和笔身上那些多余的意外价值，使其和思维本质的联系被遮蔽了起来，当这些附加的负荷在新技术手段的分解之下离散而去时，我们终于看到其本相，并将赋予其新的表现形式。从各院校交来的大部分作品中，我有似曾相识的感觉，尤其是那些摹写千百年依然屹立的建筑文物的速写作品，这些历尽沧桑的建筑至今仍然担负着设计专业学子们漫漫行程中“驿站”的角色，在此大家驻足仰视，心录笔记重复着过去的精彩。在这种不断重复之中我有点昏昏欲睡的感觉，美丽样式过于单一也会有催眠的作用。但我并不甘心这样沉沉睡去，我希望能看到一些不因循守旧的作品，希望这类作品能引起大家关于速写的新话题。

当我们确信纸与笔在设计中的责任之后，也在为速度重新定位，台湾漫画大师蔡志忠所绘《禅说》中有一段关于速度的描述。智者发问世界上何物最快，凡人的回答是奔马、是离弦之箭，诗人回答是流星，科学家回答是光线。这些回答都未能使智者满意，他的答案是“心”，因为再遥远的地方，只要心一转念就到了，这是关于速度的极致性最为经典的表述了，设计中的思维速度虽说没必要和光速去竞争，但却充满变化。“快”往往指的不是绝对速度而是指变化的次数，以此我认为速写应当有新的价值取向。过去的速写注重技法。大家喜欢看繁杂性，也喜欢看简约性，喜欢线条单纯的艺术表现力，许多设计师功成名就之后出版一本速写集，让从事同样工作的人看、欣赏、学习甚至临摹。而我认为当代和未来的速写却主要是给自己看的，因为它是心和念的踪迹，是绘者深入思考的线索，那其中深藏的奥妙只有自己方能认得。

当我们赞同以上想法时，就更坚信速写应当有新的形式和新的领域。也许未来速写中细节仍然存在，甚至更细。就像本次展览中出现的个别作品，这时速写就已经成为设计师学习和掌握知识的途径。也许未来速写中的具象形式会消失，只有文字和圈圈点点的符号遗存下来，它犹如许多已经消失的文明残存下来的文字碎片，诡异地记载了人类的建造史、设计思想史。也许未来设计师们的速写将不再像今天这般计较构图，计较勾线的技法，但只有这样速写才真正地回归到其本源“为设计服务”。

吴昊　西安美术学院
建筑环境艺术系　主任　教授

速写是美术家与设计师共同感兴趣的图式化专业语言手段，造型艺术无法摆脱速写赋予创作思维的特殊价值。速写是一种艺术修养，也是一种艺术表现形式，它同时也是审美培养的途径，它是形式美的具体反映。它的表达形式也应是多元的、概括的、简约和朴素而具体的心象记忆。所以，速写不应该只局限于唯一的“规定动作”。

建筑速写则是一种不同形式的设计“速记”手段。它不只是对美术的反映，它需要图式的、构造的、构成的解构记录，它是用文字无法反映的样式，既针对空间，又针对平面，既有总体的形态，又有精细的纹式反映。建筑速写不只是单纯的美术式作品表达。

当然，对于建筑的记录与再现式的“规定动作”也是需要的，它是一种审美的、技能的、鲜活而生动的思维描述。它是独立的、艺术化的表现手法，这样最简单的手段也许是任何形式手法都无法取代的。具备速写能力的设计师与不具备速写能力的设计者，其结果是完全不一样的。因此，建筑速写的价值意义与必要性是不言而喻的。

总之，速写可以理解为一种创作的“手迹”，这种“手迹”的训练需要有一个过程和方法，而这种方法对设计师来讲，应该成为一种自然行为、自觉行为和行为习惯。

设计师也习惯于摄影拍片，但这与建筑速写得到的收获是不能相提并论的。

赵健　广州美术学院
副院长　教授

在广州美术学院的设计基础部建立之初，我就与相关责任人商定并确立以下原则：

——关于工具：以线描为主，淡彩为辅；

——关于写生：不上山不下乡，除走进大都市和走进课堂外，尽量多进图书馆和资料室，对着已经高度整理的精美（而非粗陋）印刷图面作“写生”；

——关于内容：不求完整的形和构图，不求全部都“画”，而通过“边画边写（文字）”，记取有意义有感受的全貌、局部、节点及文字等，共同构成“写生”的内容；

——关于数量：作业不以“张数”而以“册数”计算，例如：每周交2本（约A3X50P/本），每页须（被画与文字）

占满，不留空白；

——关于目标：以写生（手绘）为载体，着重于形象的整理、选择、分析及记忆的能力训练，并以“自身心路历程记录”，使学生沉浸于设计状态；

——关于要求：防止学生陷于对“画味”的痴迷，防止学生沉湎于对“老、旧、残、缺（形象）”的偏好，防止学生对构图、虚实、气氛及“大效果”的陶醉。同时，提倡对工业产品的研究，鼓励对多种媒体的技术节点的描述；

——关于权重：侧重于对质感（和结构）有关的光影描绘，消解仅限于“气氛”和“调性”的光影；侧重对构成物体的诸种介质之关系的刻划，消解介质本身的“无意义”丰富变化；侧重对主体的尺度和比例能起“参照”和“用途表达”作用的“环境物”之概括描绘，消解对“衬托”和“丰富”画面效果的环境物作铺陈；侧重“为设计服务”的表达训练和资料梳理，消解绘画技能和“建筑画艺术”意义上的追逐；侧重基于前述各项的理解与默写能力之提升，以形成较强的“徒手表达构思”的能力。

当然，上述教学内容不是广州美术学院“设计基础教学”的所有，但以这些内容为中心的训练，确实收到了令我们（广美）较满意的效果。例如，它强调了绘画表达和设计表达的本质区别，在相当程度上消解了设计造型表达训练中可能发生的目的含混甚至南辕北辙。

这次送审送展作品的丰富多彩面貌，亦体现了各校不同的教学意图和训练手段，反映出处于不同地域、不同经济与文化环境、不同价值取向的各校之客观和真实。

中国太大，划一和集中的教育理念及训练方式既没有必要也不会有效；同样，建筑画、手绘图、记录及表达等的界线，因时代和需求的转换必然呈现有意义的含混；在“建筑”这一大题目下，关于审美、构造、界面、符号、信息及形式等内容，对“建筑徒手画”这一训练载体的要求亦会不断变化，这种变化有时甚至会超越我们的预计。

正因为此，对当下已有的各院校之“不同”作有意义的积聚和并置，亦显现出这次评选、办展以及集结成书的价值。

彭军　天津美术学院
设计艺术学院　副院长
环境艺术设计系　主任　教授

具备深厚而全面的美术功底对于从事建筑、环境艺术设计专业的设计师们来说不仅是为了进行专业采风和提高设计意图的表现能力，我以为更为重要的是培养设计人所必需的美学修养与提高独特的创意水平。艺术创作行当中非常看重创作中的“感觉”，简单的两个字所包含的丰富内涵甚至是语言难以描绘的，而同行间却能心意相通，这种睿智的奇妙又往往是设计创意灵感的发端，而这种鉴赏素养和表现能力亦是和美术修养的底蕴密不可分的。尽管现在先进的数码设备和计算机技术已经是辅助我们设计工作的必备工具了，但是我们基于上述的原因仍然将专业美术的研习作为学习设计专业学生必修的基础课程。

速写是美术创作与表现技法的形式之一，它具有独特的技巧，是在比较短的时间内快捷地将所观察的对象绘录下来的一种绘画形式，是学习建筑与环境艺术设计专业的学生必须要掌握的专业技能。尽管当下具有数码拍照功能的物件已经成为大众的随身之物，但它是无法替代速写在设计中的作用的，因此，练就一手可以准确、生动地描绘所要表现景物的速写技巧，搜集设计素材，深入地观察和解构建筑、景观、室内空间的设计特点、结构特征，进而解读和感悟建筑、景观、室内设计的风格特色、文化寓意无疑对学习设计专业的学生是非常重要的基本功之一。

速写作为一种绘画种类，还可以是独具魅力的美术作品。不同的表现风格、不同的描绘工具和介质可以展现或大气磅礴、或精细入微，或似行云流水般的挥洒自如、或如古栲柞枝似的质朴无华。绘者沉醉于不断探索和表现个性画作的快意之间，观者不经意中陶醉在其独具艺术意境的享受里。

此次在全国高等美术院校建筑与环境艺术设计专业教学年会期间举办的“建筑与环境艺术设计速写作品展”中所展示的各个院校学生们的作品，风格迥异、技法多样、题材丰富、精彩纷呈，尽管这些习作尚显稚嫩，但是我们可以从中感受到这些未来的设计师们那执着的精神与聪睿的灵性，而这种不断的探索、钻研、感悟、坚持，正是有所发现、创新和有所作为者所应有的特质。

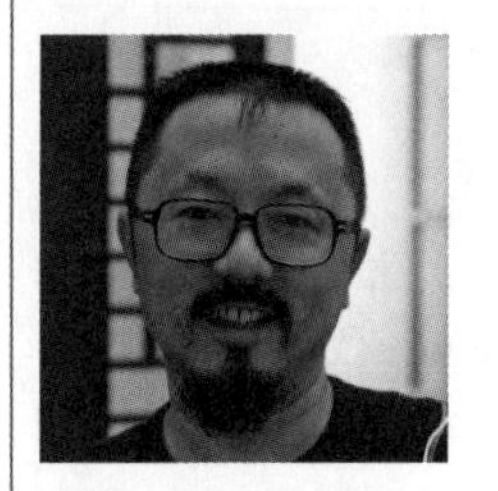

黄耘　四川美术学院
建筑艺术系　主任　副教授

如果说建筑、环艺的速写与绘画速写有区别的话，在于画的目的不同。建筑环艺速写是我们对空间理解的表达。因此，你可以放松自己，去感受空间的存在，随手涂鸦。但你需要看看你画出来的是不是你感悟到的那个“空间”。

既然是表达空间感受，在我看来，这次送展的作品有三个类型：

第一个类型的速写是追求画得“像不像”作品。作者努力用学到的绘画技法诸如透视来描绘空间，虽然有时显得拘谨与笨拙，但不乏有严谨的作品。

第二个类型的作品是已经解决了绘画技法的那部分作品，画面效果给人以经验丰富的感受。“更有力度的线条”与“灵巧的画面组织”是这类作品的长处。他们通常会去寻找适合“技法”表现的对象（而非感动他的对象），题材通常是“老房子”。好的作品很有国画的意味。不把注意力放在“空间的感悟”上面，很像绘画速写。

第三类是那些“心迹表达”的作品，作品的感染力来自于两个方面，首先描绘的对象感人，他们会去寻找让他们感动的主题空间，多角度地感受与体验；其次是笔随心动，身心合一，画的时候根本不会刻意去注意技法。技法是自然的流露出的语言，表达自己对“空间的看法”。这类作品显得很自信、放松，很有感染力。是所谓“匠在下，意在上”的作品。可惜，这类作品很少见。

获奖作品名单

一等奖作品

广州美术学院	刘国波
鲁迅美术学院	高鹤铜
鲁迅美术学院	吴琦
清华大学美术学院	吴尤
上海大学美术学院	苏圣亮
四川美术学院	安世琦
天津美术学院	王东
中央美术学院	董小璐
西安美术学院	冯丽
西安美术学院	蒋宗瑶
中央美术学院	成延伟
西安美术学院	李培忠

二等奖作品

中央美术学院	楚东旭
中央美术学院	熊四海
西安美术学院	蒋宗瑶
天津美术学院	吴尚荣
西安美术学院	邓勇军
天津美术学院	宋雅春
天津美术学院	刘涛
天津美术学院	常立涛
天津美术学院	白明川
天津美术学院	陈秋来
上海大学美术学院	苏圣亮
上海大学美术学院	尤洋
山东工艺美术学院	杜靖文
中国美术学院	汪祺
清华大学美术学院	吴尤
清华大学美术学院	田峰
清华大学美术学院	宋婷
鲁迅美术学院	赵瑛
鲁迅美术学院	李媛媛
广州美术学院	张心

广州美术学院	叶小龙
广州美术学院	冯燕芳
西安美术学院	李轲
西安美术学院	罗艳枚
四川美术学院	苟红

三等奖作品

中国美术学院	李咏絮
中国美术学院	叶雷
中国美术学院	张葦
中国美术学院	金均
广州美术学院	刘国波
广州美术学院	潘汉分
广州美术学院	叶小龙
广州美术学院	袁铭栏
广州美术学院	张心
广州美术学院	朱汝强
湖北美术学院	张曼
鲁迅美术学院	夏冰
南开大学	杨贝贝
清华大学美术学院	宋婷
清华大学美术学院	郝培晨
清华大学美术学院	刘胜男
清华大学美术学院	田峰
清华大学美术学院	王兵
清华大学美术学院	吴尤
上海大学美术学院	苏圣亮
四川美术学院	胡飞
四川美术学院	杨雪
天津美术学院	马晨
天津美术学院	宋芯瑶
天津美术学院	徐小冰
同济大学	李木子
同济大学	屈张

西安交通大学	罗尚丰
西安美术学院	韩静
浙江大学美术学院	万军
浙江大学美术学院	薛先杰
浙江大学美术学院	姚竺瑜
中央美术学院	党小雨
中央美术学院	陈倩
中央美术学院	楚东旭
中央美术学院	董小璐
中央美术学院	黄天驹
东北大学	杨旭
西安美术学院	董大伟
西安美术学院	罗艳枚
西安美术学院	汪洋
西安美术学院	佚名
西安建筑科技大学	王琦

优秀奖作品

广州美术学院

孔令莹　杨飞　刘国波　潘汉分　袁铭栏　张心

湖北美术学院

刘劲飞　刘婉　初伟光　唐惠子　刘洋　张桢桢　汪洋

鲁迅美术学院

刘可辛　孔庆君　陈玲　鄂松子　时间　赵旭芳　丛玮蔚　陈凤　孙丽艳　李贝妮　朱怡青

青岛理工大学

张业浩　王爱荣　车潞　万坤　敬树勇　刘甜　宁华　孙磊　吴璠　杨成　由文婷　张俊丰　赵梅　张晓玲　刘群

清华大学美术学院

白兰　刘轶　冯茜　郝培晨　贾萌飞　刘胜男　胡游柳　刘轶　宋婷　吴尤

山东工艺美术学院

王兴博　李丽丽　徐涛　赵文彬

陕西科技大学

吕琛　李培杰

上海大学美术学院

许健坤　苏圣亮　陈其雯　高贺　陈文

深圳大学

刘锡辉　布艳婉　陈斯琦　胡中原　林雄　庄开才　曾文亮　梁宗敏　徐小宁　麦景锋

天津美术学院

崔晓　宋鹏　杜凯　徐小冰　王天赋　宋芯瑶　张越成　唐义涛　康颖　吴尚荣　曹溶萱

白明川　何嘉莹　李春静　高榕　黄锋卫　马晨　张越成

同济大学

李木子

南开大学

杨贝贝

西安工程科技大学

卓芳丽　李琨　郑远明

西安美术学院

刘淞　闫搏洋　侯青　孔令华　罗捷　卫盟　张冬冬　张云龙　罗艳枚　韩静　汪洋

西安石油大学

李月雷

西北农林科技大学

吕晴　章有才　李明洁　张再娟　方蓬擂

西安建筑科技大学

吴柳琦　徐健生　王国荣　高伟　阎飞　张良

西安交通大学

罗尚丰

中国建筑西北设计院

魏婷

浙江理工大学

周子彤

中央美术学院

陈倩　熊四海　吕冰　谌喜民　董小璐　胡娜　黄天驹　刘灿，谢海微，徐波　孙毅　任亮

大连工业大学

张文军　田雪　周纯

东北大学

高天阔　杨旭　张娇

四川美术学院

李建美　孙峰　李平　王纾溪　余玢萱　姜岩嵩　李丽　刘渝丹　黄天兰　吴敏　邹李慧　王雪　王辰朝

优秀作品选登

张心　袁铭栏　潘汉分　刘国波　孔令莹　周子彤　袁铭栏　郝培晨　吴尤　刘轶　郝培晨　贾萌飞　宋婷　刘胜男　许健坤　苏圣亮　布艳婉　陈斯琦　林雄　刘锡辉　卓芳丽　李琨　郑远明　李木子　韩静　张冬冬　周纯　车潞　吴璠　徐健生　高伟　阎飞　张良　王兴博　徐涛　赵文彬　王兴博　李丽丽　刘洋　董小璐　胡娜　黄天驹　高天阔　杨旭　王锐　张娇　吴敏　孙峰　周涛　王纾溪

建筑与环境艺术速写

第五届全国高等美术院校建筑与环境艺术设计专业教学年会速写作品展

SKETCHES EXHIBITION OF THE 5TH SPECIAL FIELD TEACHING ANNUAL MEETING OF ARCHITECTURE AND ENVIRONMENT DESIGN DEPARTMENTS OF FINE ART SCHOOLS IN CHINA

一等奖作品

1st PRIZE

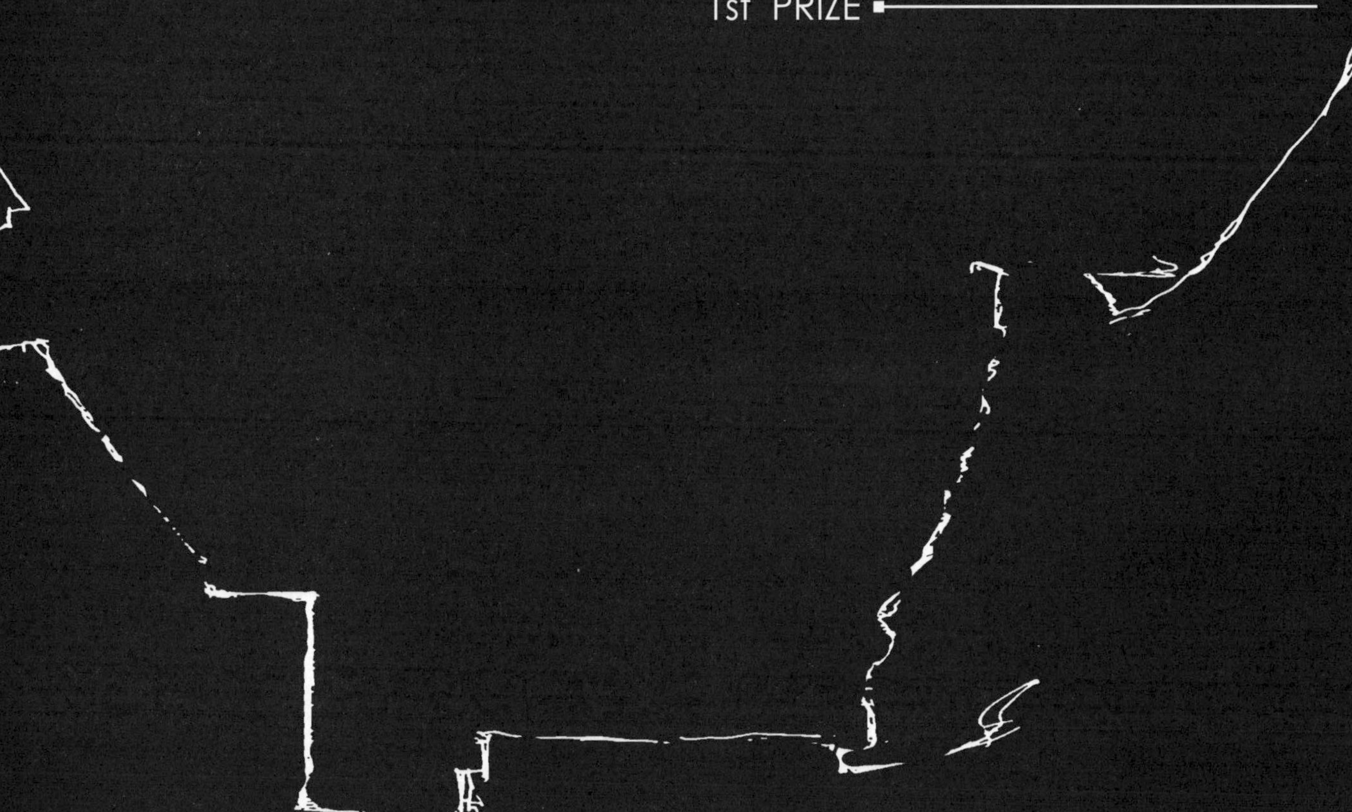

作者感言：

课程中老师要求我们以尽量快的速度去记录所观察的事物，主要是要培养我们对自然的审美意识、独立思考和快速表达的能力，这对环艺专业的学生来说，非常重要。我正努力朝这个方向发展。本画作是我在广州老城区考察过程中所见，于是采用简笔画的方式记录当时的观察，效果表达刚好符合我对现场的感受。速写培养了我对生活的敏感和真诚的情怀，让我更懂得生活和珍惜生活。美意的流失也许就在一瞬间。

作者感言：

我从小对绘画特别感兴趣，只要身边有笔和纸，无论在什么地方都能画起来，但我正式接受绘画训练还是在准备高考前，当时的石膏素描对以后的学习有很大的帮助。

在大学里学习，我有机会认识艺术家们留下的珍品，特别是艺术设计领域内大师们的作品。课余的时间，我进行了大量的写生，努力用流畅的线条表现建筑和身边的事物，非常喜欢用速写的方式表达心中的感受。我的这幅作品创造的动力是对当时景色的一种热爱，它来源于 2007 年，感觉它非常自然，我选择最能突出实物的角度来表现内容，我认为这比文字更确切、更直观，从中我感悟到一份令人满意的速写与平时对事物的观察、理解是分不开的，更需要对专业中光与影、远与近，结构与造型，透视关系等的掌握，还有对事物观摩的角度，及对绘画的切入点的灵活应用。

我迷恋速写，因为它不仅是一门艺术，更是一种语言，它的技能可以使我在瞬间让生活成为永恒。

作者感言：

进入大学之前，我曾接受过两年的绘画基础训练，这些基础知识对于日后在大学里的学习，特别是素描、静物等的学习很有帮助。

进入大学后，通过老师的讲解，了解了许多不同时期的艺术作品和反映出的艺术精神，然而我个人认为理性的分析和感性的表达同等重要，严谨与浪漫同样迷人。

此外，我喜欢速写，特别是建筑速写，它的美并非普通画笔所能做到的，我的这幅创作来源于 2006 年假日，当时我如归故里，出于对故乡的一种留恋，也是对童年的回忆，我仔细地观察了它的造型，结构及光影的关系，并去理解它的语言，然后确定绘画的角度，我觉得这幅作品所表达出来的意境非常接近生活，给人真实的感受。

对于建筑速写这份情感，使我热切地想学习一切有关的技巧和表达方式，并希望在原有的绘画基础上创造出一种独特的风格，我要为此作出努力。

作者感言：

香港的城市面貌是不同于纽约、东京、巴黎的，后现代主义建筑大师文丘里曾对香港城市中的琳琅满目的广告牌给予过高度评价，认为这正是香港有别于其他国际都市的地方，是城市魅力之所在。的确，广告牌已成为香港的城市标志或者说是文化符号，反映着商业的繁荣和不同文化的交融，在楼宇间狭小的空间内构成了别样的风景。广告牌作为香港城市开放空间的重要内容与每一个人的生活有着密切的关系，是城市与人之间的对话，是一种交流的媒介。速写技巧在这里不是根本，如何利用速写来反映建筑语言是更有意义的。广告牌是画面中的主题，交织的广告牌有着强烈的构成感和形式感，形成丰富的空间关系，与城市和谐共生。

作者感言：

不同的空间场景让我有不一样的感触。于是，每当我面对各种建筑物时，心中都会有记录的冲动。这种冲动使我翻开速写本，用我的眼睛抚摸建筑的表面，用画面的疏密组织空间的变化，用线条的节奏表达建筑所带给我内心的冲击。我享受速写的快乐过程，同时速写也会成为我今后建筑设计的灵感源泉，从中提炼我所需要的建筑语言。

速写源自生活，学习建筑也需要我们关注生活，记录生活。

奖项：一等奖作品　　作者：四川美术学院　安世琦　　编号：419

作者感言：

2007 年 10 月，重庆的阳光出奇的灿烂。

四川美术学院新校区，艺术设计学院的楼群美轮美奂。

手持相机，将镜头对准，突然发现这眼前一幅幅画面如同电影一般。

设计楼群是刘家锟先生设计的，整个楼群的空间和建筑中的景观小品相互交融，让你每一次的穿行都会有不同的感受。这种感动最终转化为创作的欲望：这不是一部电影吗？是啊，空间的变幻、游离的光线、精美的小品都是这部电影的角色，它们的演出呈现在你的眼前。拿起手中的笔，剥掉那些细节的雕琢、那些多余的色彩，用纯净的语言去表现空间，表现光影的变幻。一幅幅单张的画面承载着一种感受，一个空间，一个“场”。而这些影像连缀起来便不再孤单，就像一组长镜头将你拉到这里。在这组建筑中，作为观者的你，也扮演了影片里的角色。

此时，这个作品的创作就如同一部电影的拍摄——这部“电影”表达了纯粹的建筑的美。

奖项：一等奖作品　作者：天津美术学院　王东　编号：074

作者感言：

悠远的小镇、别致的屋脊、深深的长巷，三俩的行人踱步其中，无不流露着些许的闲适和惬意，散发着淳朴、宁静的气息，这就是我印象中的云南丽江古镇。

这一幅速写是我的 2007 年寒假采风画——丽江古镇系列作品中的一幅，着意于线条本色的拙稚，试图再现那幽静、质朴的古街印象。

整幅画都是用钢笔随性描绘，作画先是从远处透视起笔，然后到近处依次画来，以关键的点、线作参照去把握大的透视关系。画作描绘了悠长的长巷古街、鳞次栉比的老屋，坐在屋檐下劳作的夫妻，空闲时每每再读，仍然陶醉在其情其景间……

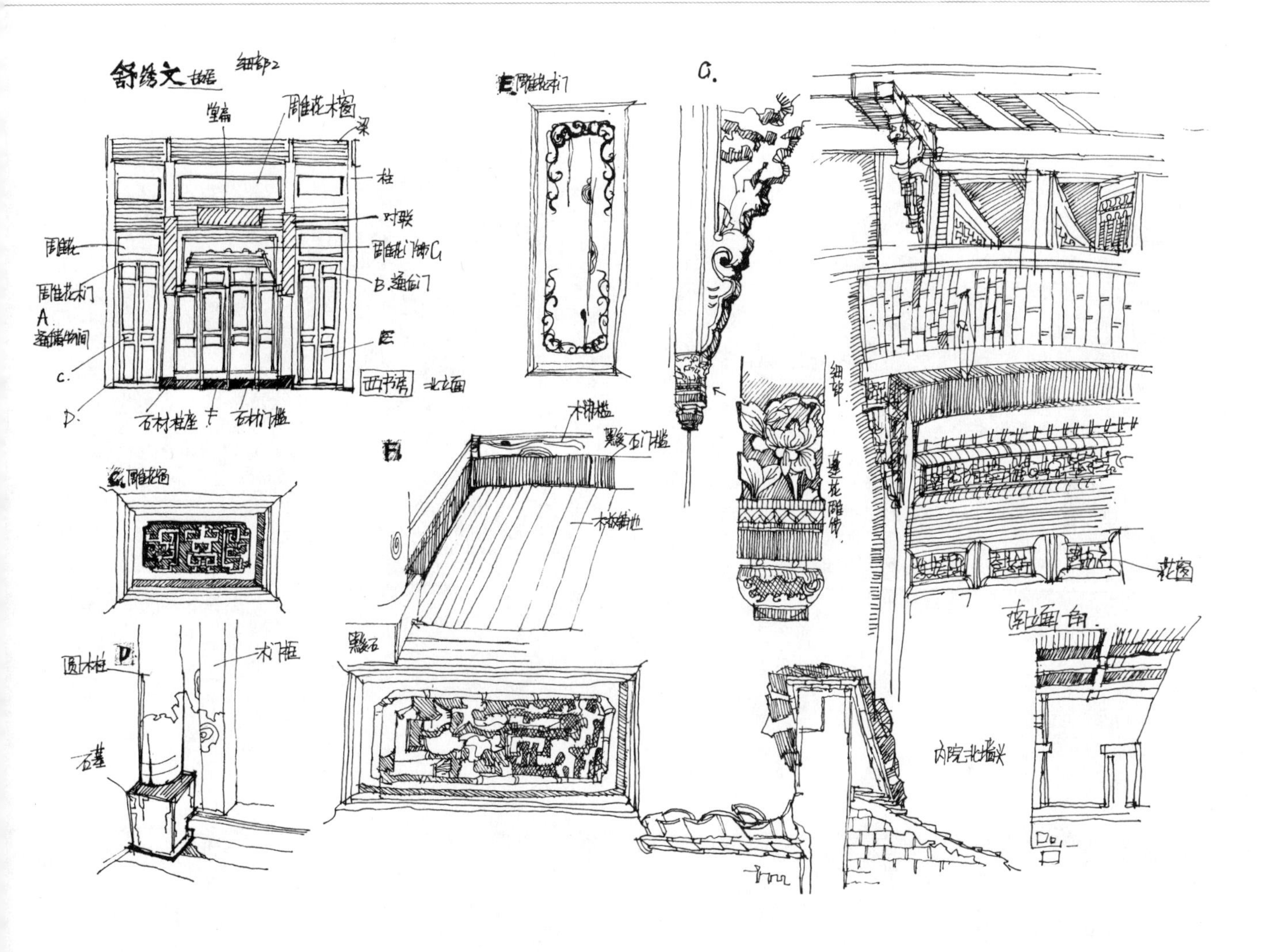

作者感言：

作品于 2005 年 5 月绘于安徽屏山村，表现的是村中比较有代表性的徽商宗室建筑有庆堂的 4 个立面和部分细部。屏山村位于著名的徽派古村落宏村和西递之间。因为宏村和西递的名气过大，每逢节假日，游人络绎不绝甚至水泄不通，倒是冷落了这另有风味的“山间别苑”，没想到反而给它和它的古桥流水保留了一份世外桃源的清新淡雅。而有庆堂正是村中历史悠久的大家宅院之一，青瓦白墙、细致的木艺雕工、精美的装饰门头、梁柱头清晰的榫卯结构、里外院落合理的布局关系，无不体现了徽派建筑的精髓。记得为了在能控制整个画面效果和比例关系的基础上又不错过建筑本身的细节和历史所遗留下来的沧桑感，观察绘画的地点曾几经辗转。有人问过我，怎么才能控制画面线条的疏密让速写更有表现力。我觉得关键是在于用心去感受你所描绘的建筑加耐心地作画，因为你眼前的画卷本身就是一副疏密有致的艺术品。能有机会用自己的手在纸上再现这样的地方民居，我觉得是幸运的。

奖项：一等奖作品　作者：西安美术学院　冯丽　编号：642

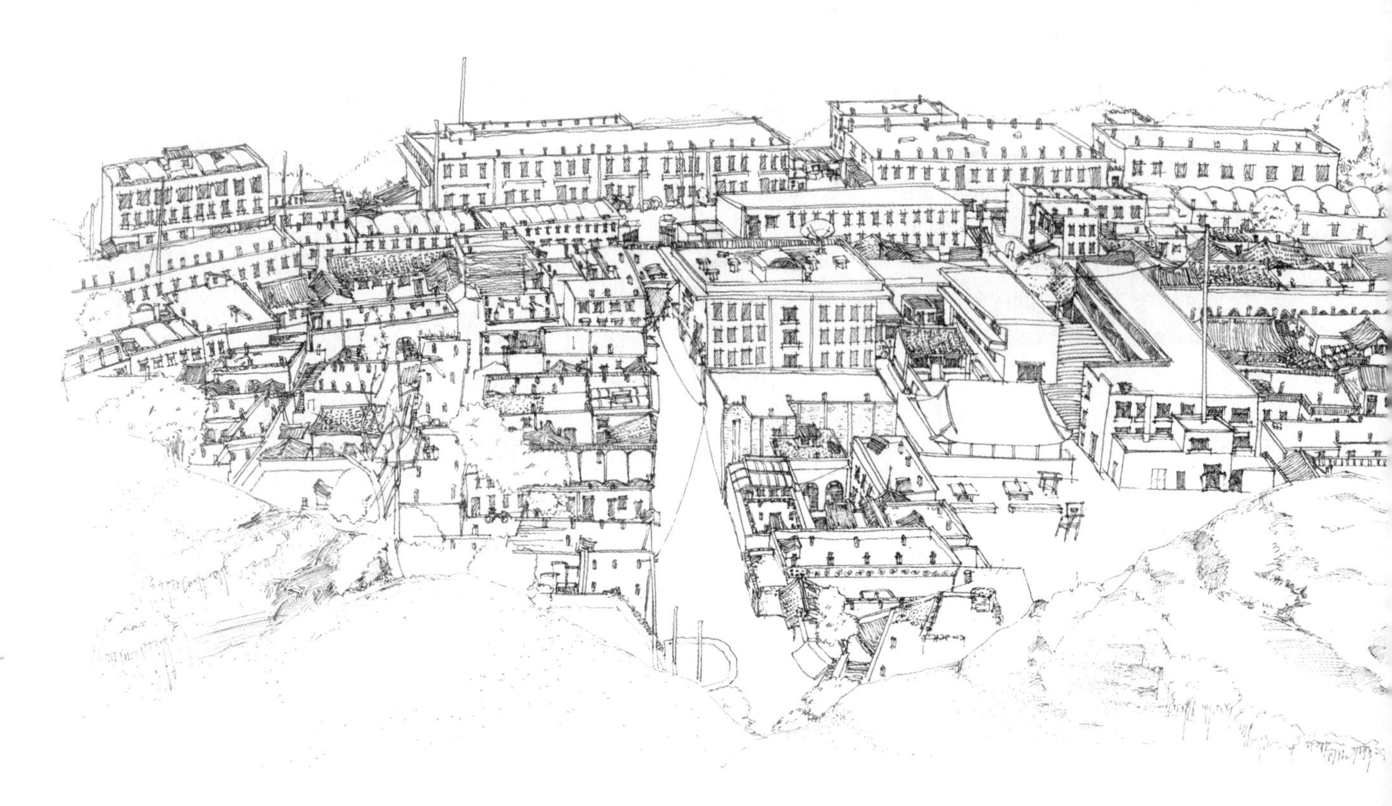

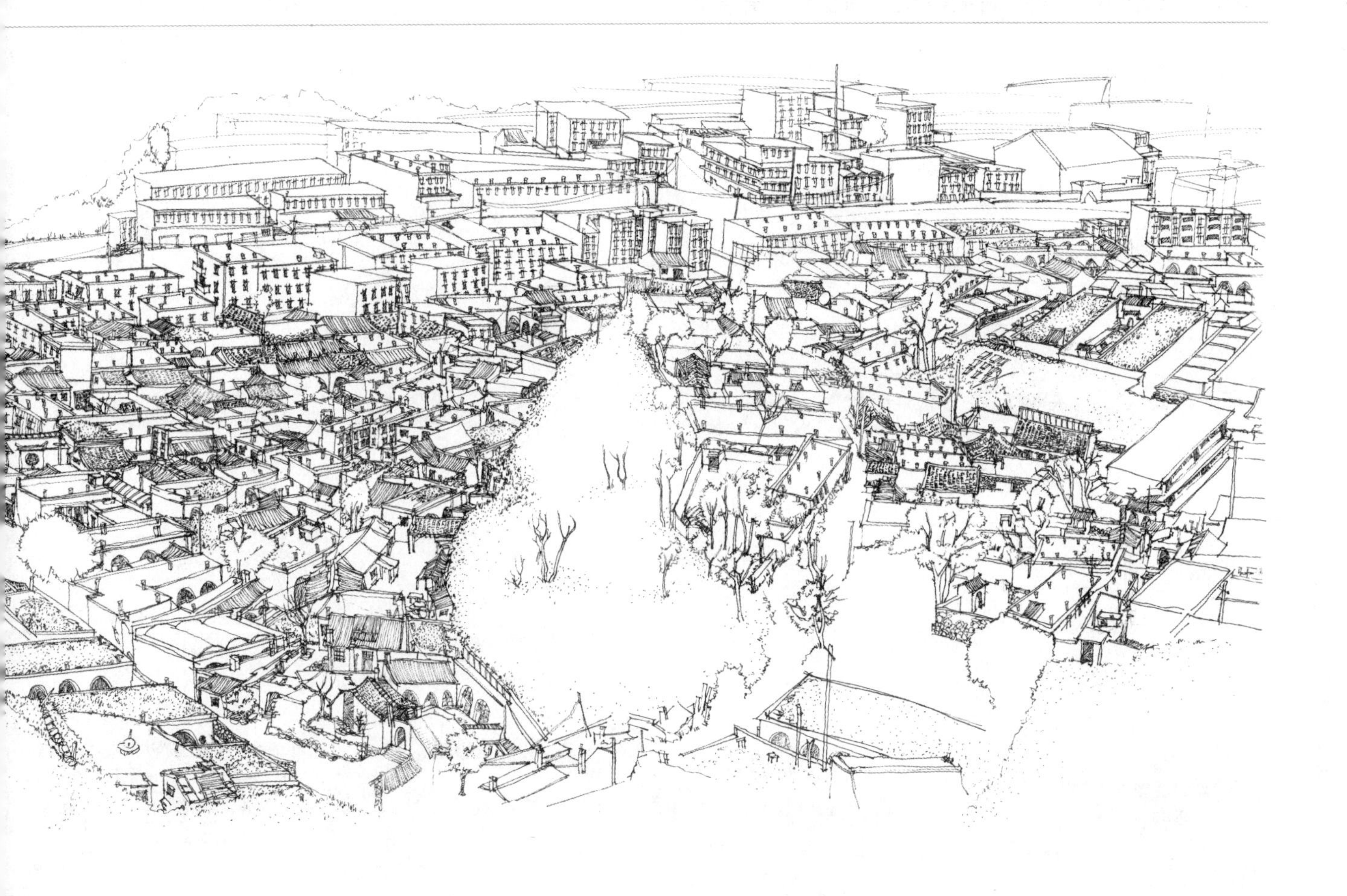

作者感言：

毕业已一年有余，接到我的速写在本次速写大赛中荣获一等奖的通知后，我的心情久久不能平静，真的非常开心，因为这次大家的作品都挺厉害的。记得这幅作品是我在学校 06 年组织去陕北米脂写生的时候为了快速记忆自己瞬间的灵感和创意所创作的，我明白“速写不是耍花枪，练习才是硬道理”，所以平时进行了大量的练习，有了不断的练习和记录灵感才能够让我在徒手表现中释放自己的观察能力和表现能力。我选择此次的创作内容和表现角度是因为它以自身的艺术魅力，强烈的感染力传达了我的创作思想、理念以及情感。我个人认为速写是我们艺术素养与表现技巧的一种体现。

作为一名毕业生，此次我非常感谢我们的老师给我这样一个参赛机会，回想在西美的这几年学校所给予我的关怀和鼓励，我的心中就充满了感激，充满了感动！今天的我，心情格外的复杂！我深知，这些荣誉不仅凝结了领导们的鼓励，还有各位授课老师们的支持！精神上的慰藉给了我无比的荣耀！今天的荣誉即将成为过去，但它将激励我继续前行！我会竭尽所能，继续求索……

最后，我想对这个成功的速写大赛道一声真诚的感谢！感谢您所给予我的荣誉！我会继续努力的！衷心地祝愿我的母校蒸蒸日上，祝愿我的同伴们学业有成，一路辉煌！

作者感言：

《米脂行记》于 2007 年 4 月完成，它所展现的是陕北米脂古县城的建筑风貌和街头巷陌的百姓故事。整幅画面采用册页的形式，运用钢笔淡彩的表现手法，同时融合传统水墨画和连环画的一些特点。在表现的角度上打破以往的建筑写生规则，力图通过画面来讲述建筑的生活背景，并不是单一表现形体的空间存在，而是兼顾建筑本身内在的生命力。通过此次的尝试来提升自身对建筑灵魂的解读，把主观感受与理性观察相结合，使之内容丰富且富有画意。谈到此画的创作，刚开始原本是一次针对古建筑的实地考察，然而在考察过程中其特有的地域环境和人文习俗，深深地吸引着我并萌发了迫切表达的冲动！随后即兴的笔墨玩弄一发不可收拾，遂寻来册子酣畅的涂抹。感受源自生活，街道的一砖一瓦，风化的老屋脊和长在这里的人们都焕发着生生不息的美，这美引人注目，耐人回味，以至于你蹲坐街边时忘却了今朝今夕。

作者感言：

首先，感谢组委会提供这次学习、交流的机会。

作品完成于 2008 年 5 月。作为本科二年级的专业必修课，“下乡测绘认知”是一次愉快的经历，我们的基地选在了安徽省西递和宏村这两个中国传统的村落，作品中所描绘的便是安徽西递的俯视全景。这次下乡以对传统村落民居的考察为主要目的，对中国传统建筑有一个概括的感性认识。同时，我们以团队小组（6 ~ 8 人）的形式完成测绘，既有对村落周边地形、水流等宏观调研、分析，又有对街道、院落甚至室内空间的分析，最后大家整合，共享成果。在这个过程中，我们的团队合作能力得到了很好的锻炼！

“登高而望远”，当我站在西递村北山顶上的时候，整个村落尽收眼底，我留意的不再是一瓦一砾，而是村落的整体布局，便有了画一张全景速写的想法。

作者感言：

我叫李培忠，是西安美术学院 06 级环艺系四班的学生，获悉自己得奖，很开心。之所以开心是因为得到了老师的肯定，可以使我更加有信心坚持下去。

这次速写是今年四月份我们环艺系到全国知名的茶产区安康市紫阳县的写生作品，目的是能够了解和体会当地的建筑风格以及该地居民的生活习惯。紫阳县城位于汉江边上，气候湿润，虽然该地区现代建筑日新月异，但也无法弥盖原有石板建筑的魅力，反而使其更显得淳朴、自然，独具特色。因此我就选择了错落有致的街中小巷作为主要刻画的对象，画了这幅速写。

建筑与环境艺术速写

第五届全国高等美术院校建筑与环境艺术设计专业教学年会速写作品展

SKETCHES EXHIBITION OF THE 5TH SPECIAL FIELD TEACHING ANNUAL MEETING OF ARCHITECTURE AND ENVIRONMENT DESIGN DEPARTMENTS OF FINE ART SCHOOLS IN CHINA

二等奖作品

2nd PRIZE

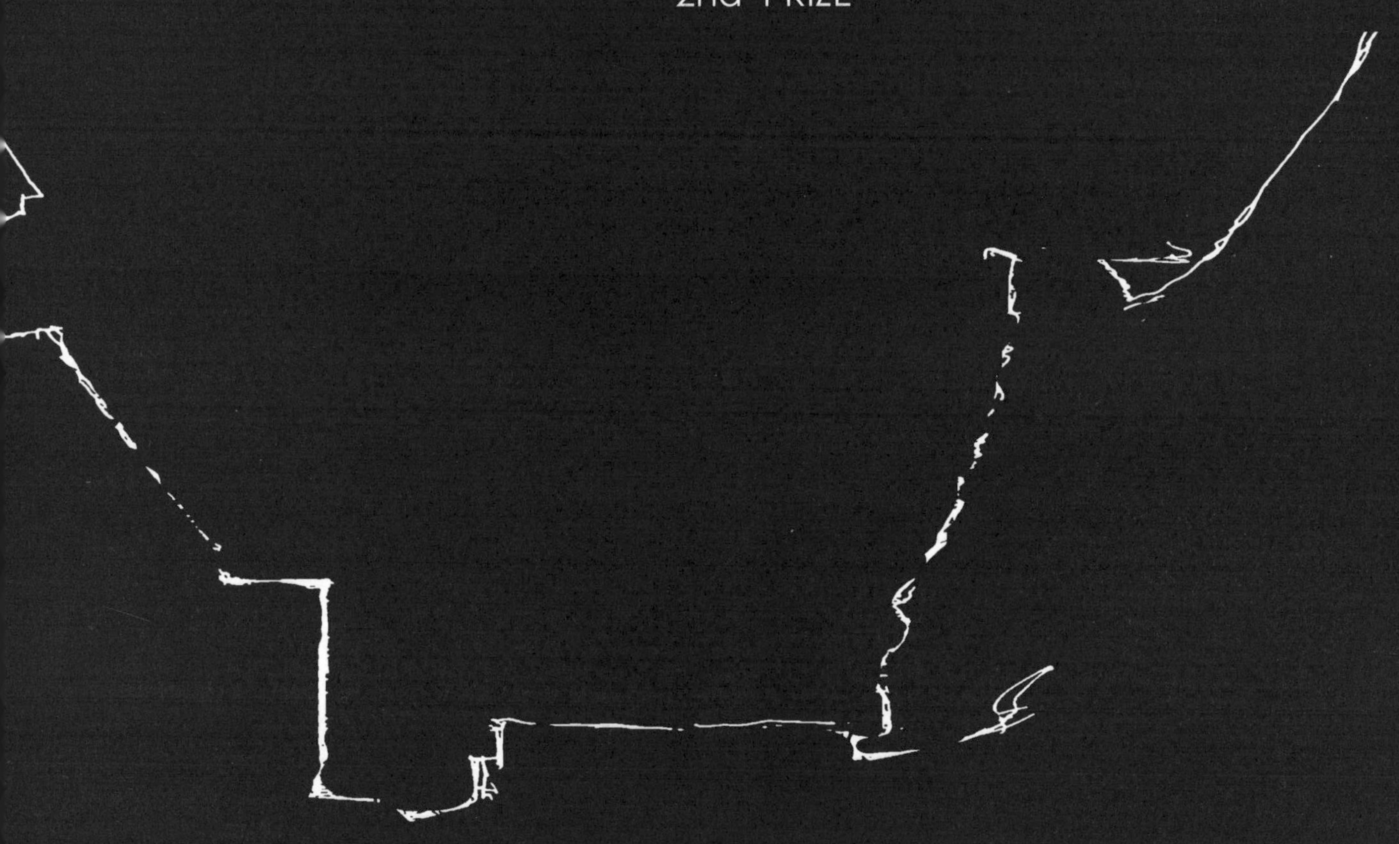

宏村商业街调研
很喜欢这条小巷，就
在街口位置。
狭窄的小巷里一所
小房子挤在中间
里面住着一位
老人。
宏村商业街是宏
村店铺集中的一条主街
道，有大约100米长，街道
两侧集中了各色店铺，其
中有好几家服装铺子很
好，衣服都很有特色，还
兼营各种小布，布包，
饰品，都挺有味道（我
喜欢里面卖的蜡染画），
衣服什么的都是自己加
工制作的。街口有两
棵500年的古树，一棵
枫杨，一棵银杏，是当地
的"风水树"，红白喜事
都要与这两棵树有关系。
宏村商业街调研
530600405 楚东旭
2008年4月28日

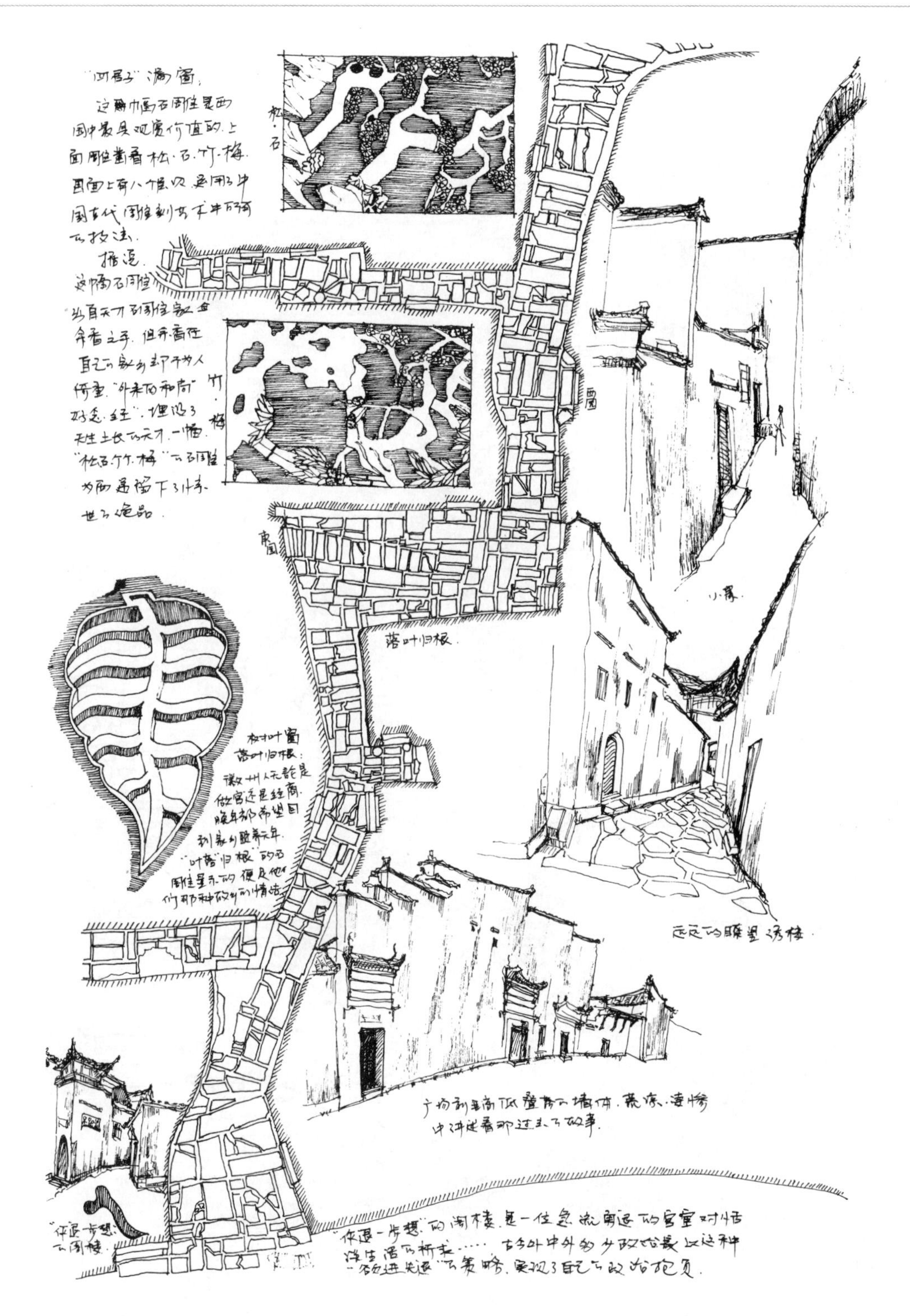
"四君子"漏窗：
松·石
竹·梅
西园
东园
落叶归根
小巷
广场前面高低叠落的墙体，荒凉、凄惨中讲述着那过去的故事。
"依退一步想"的阁楼，是一位急流勇退的官宦对恬淡生活的祈求……古今中外的政治家以这种"欲进先退"的策略，实现了自己的政治抱负。
"依退一步想"的阁楼

宋雅春 2008.8.

刘涛
2008.8.

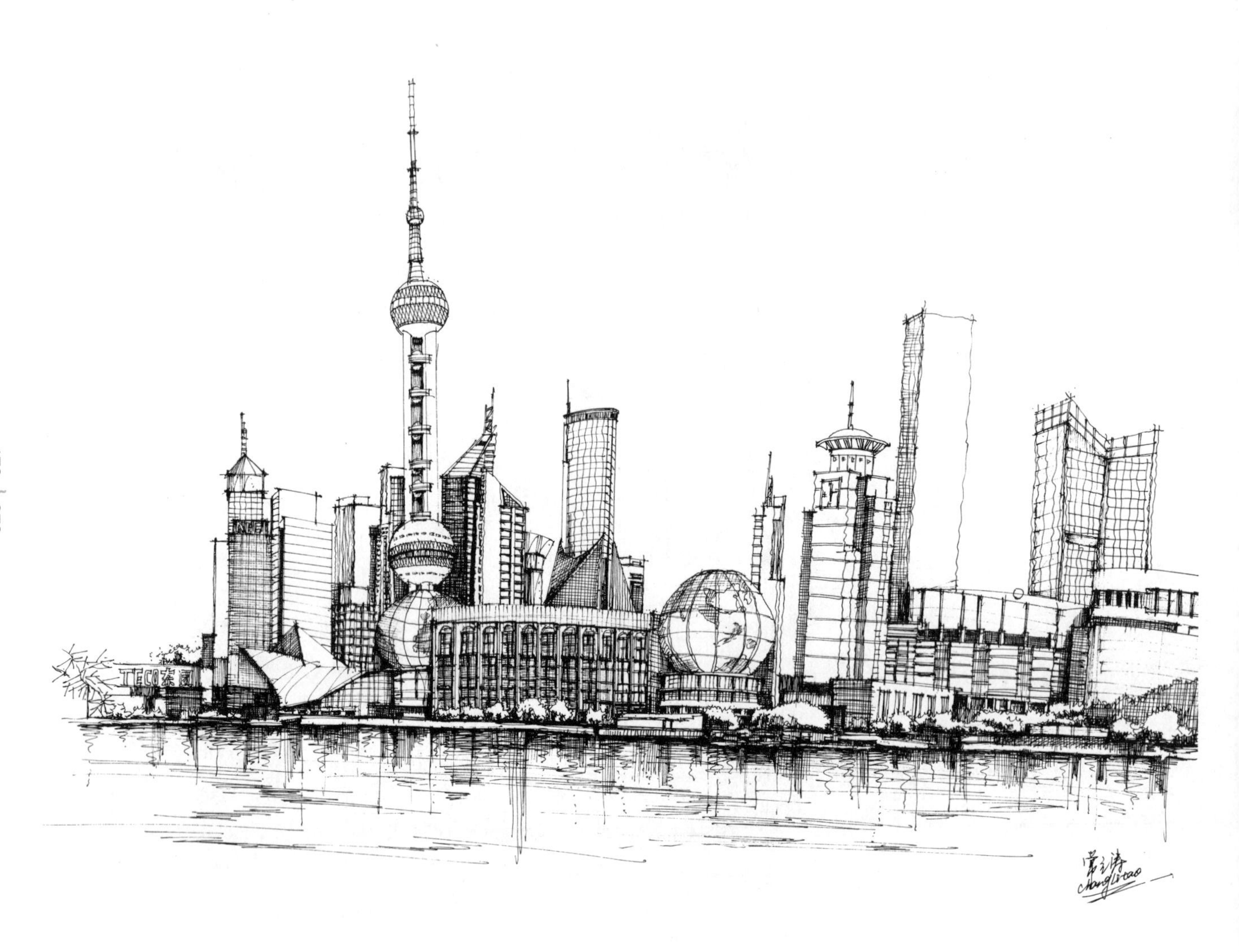
TECO东元

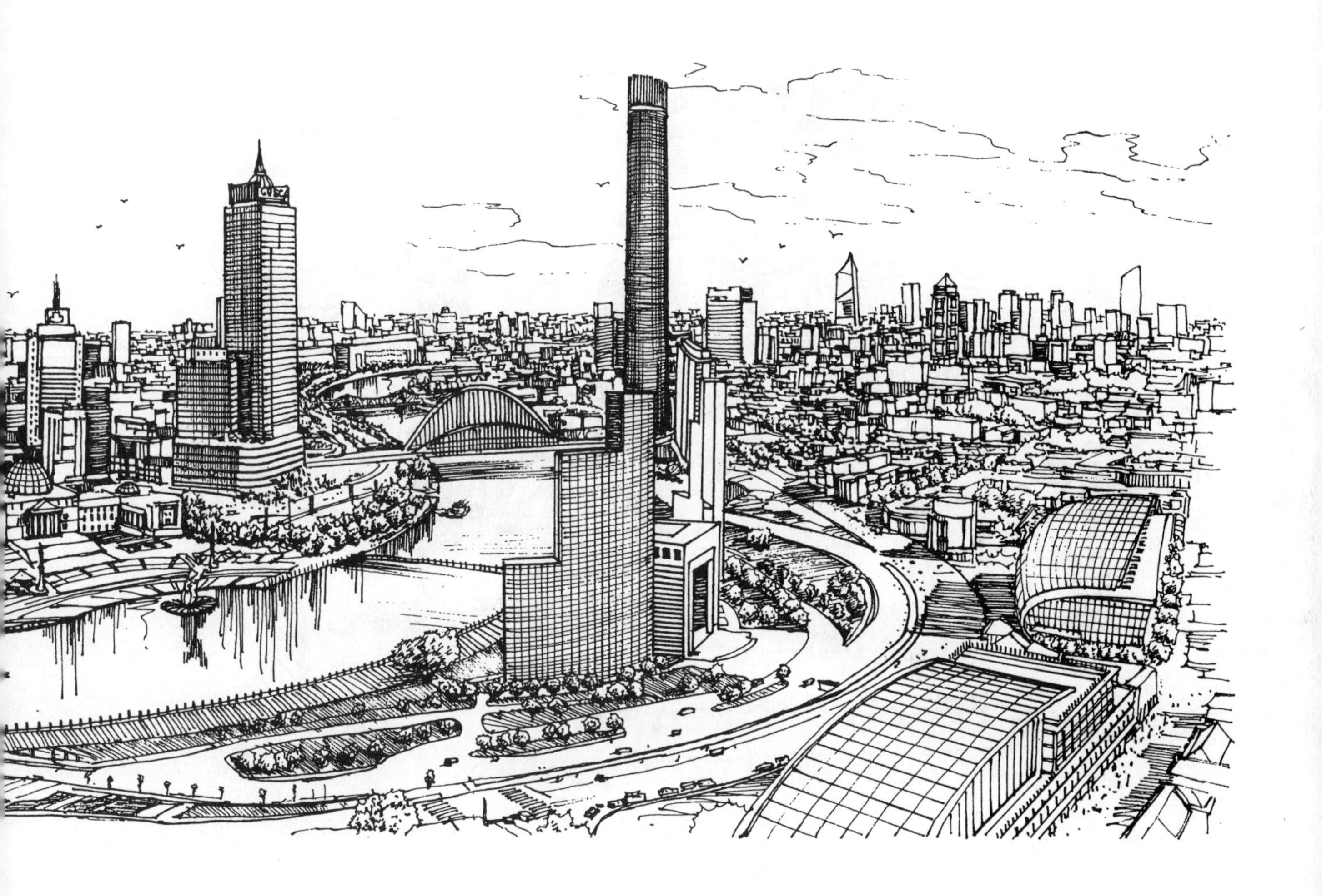

上海大学美术学院建筑系
尤洋
2008.8.13

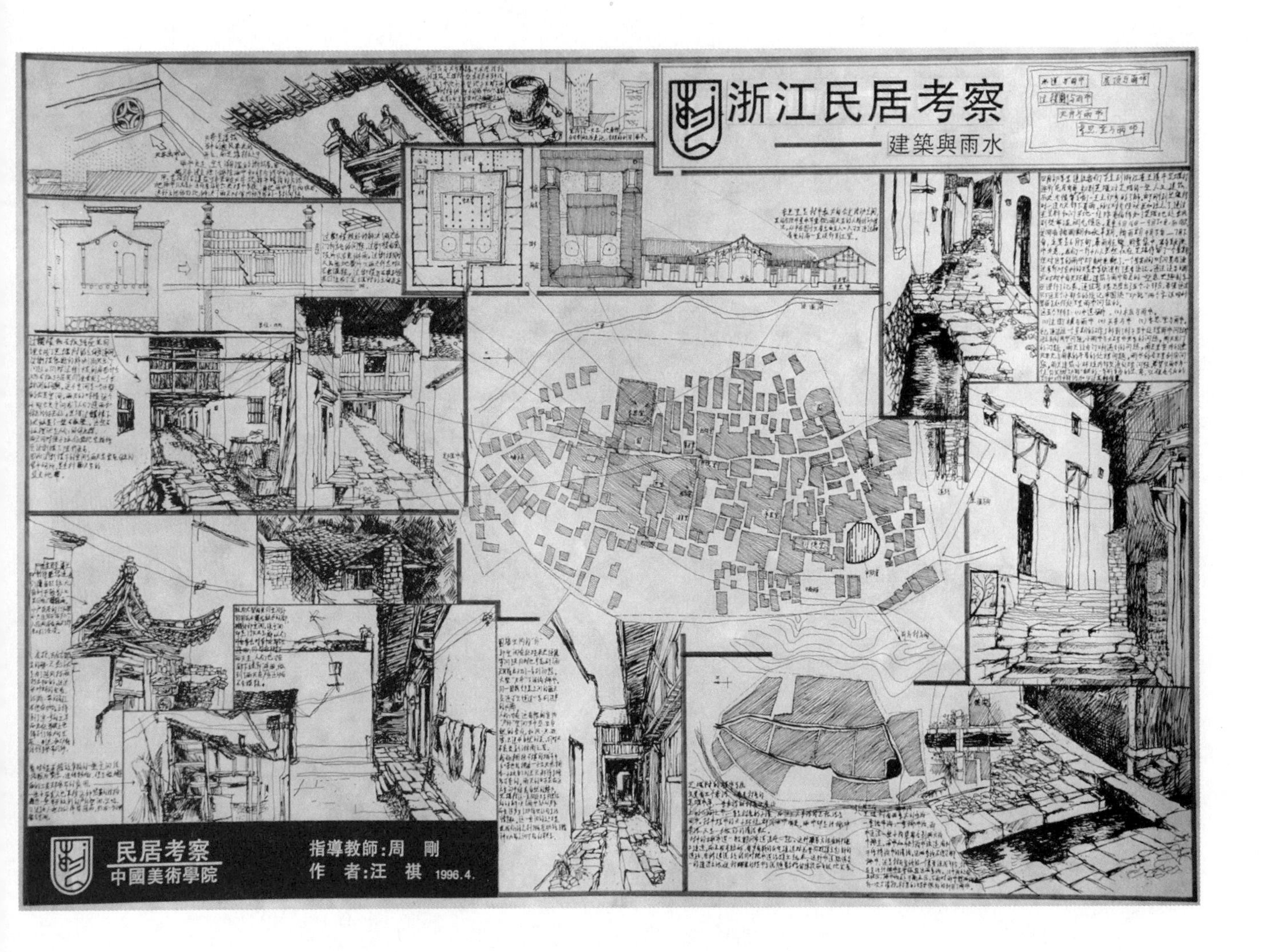
浙江民居考察
建築與雨水
民居考察
中國美術學院
指導教師:周　剛
作　者:汪　祺　1996.4.

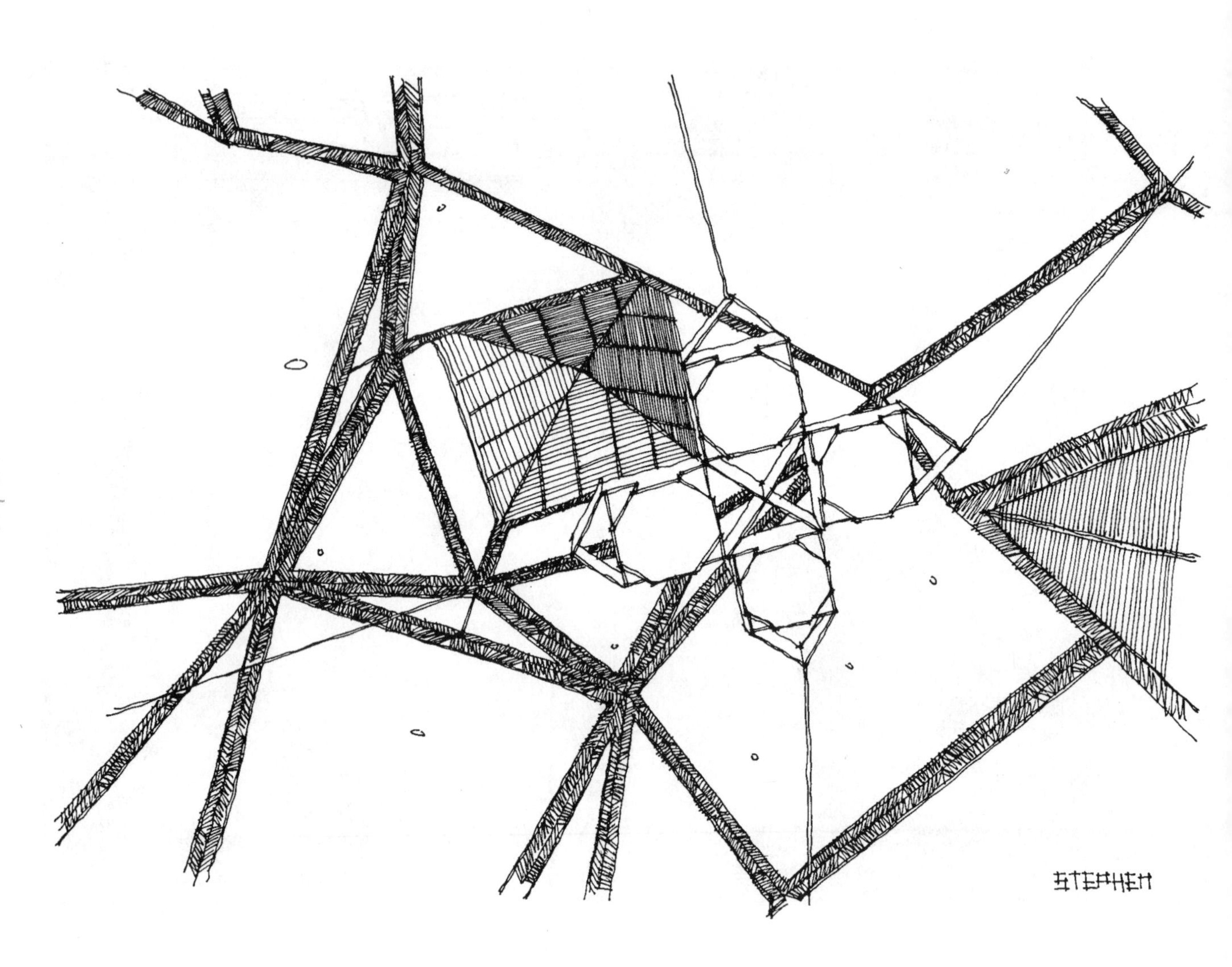
STEPHEN

奖项：二等奖作品　作者：清华大学美术学院　田峰　编号：524

奖项：二等奖作品　　作者：清华大学美术学院　宋婷　　编号：535

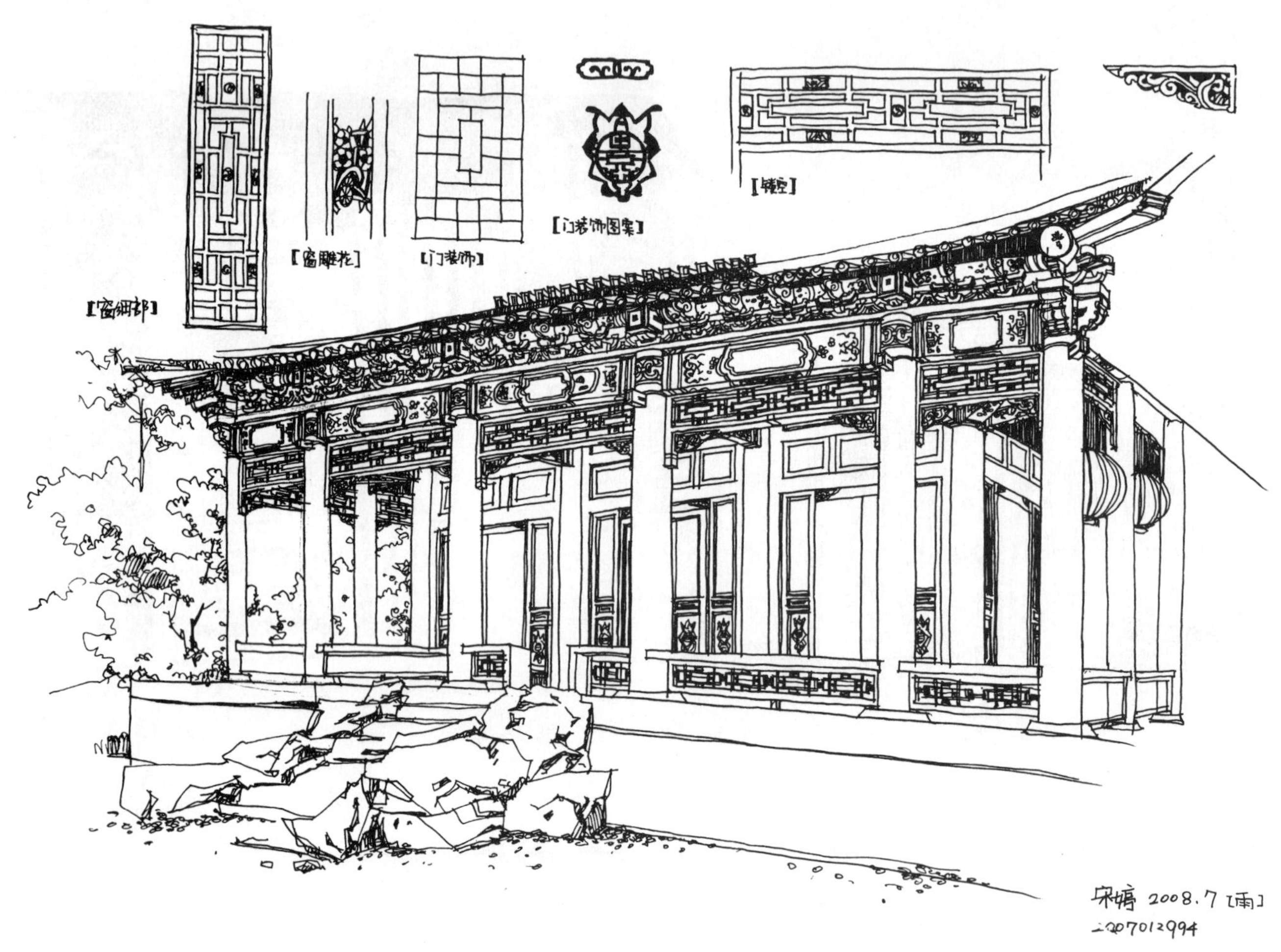

ZHAOYING 07.7.9

写上九路
05.3.12.
张心

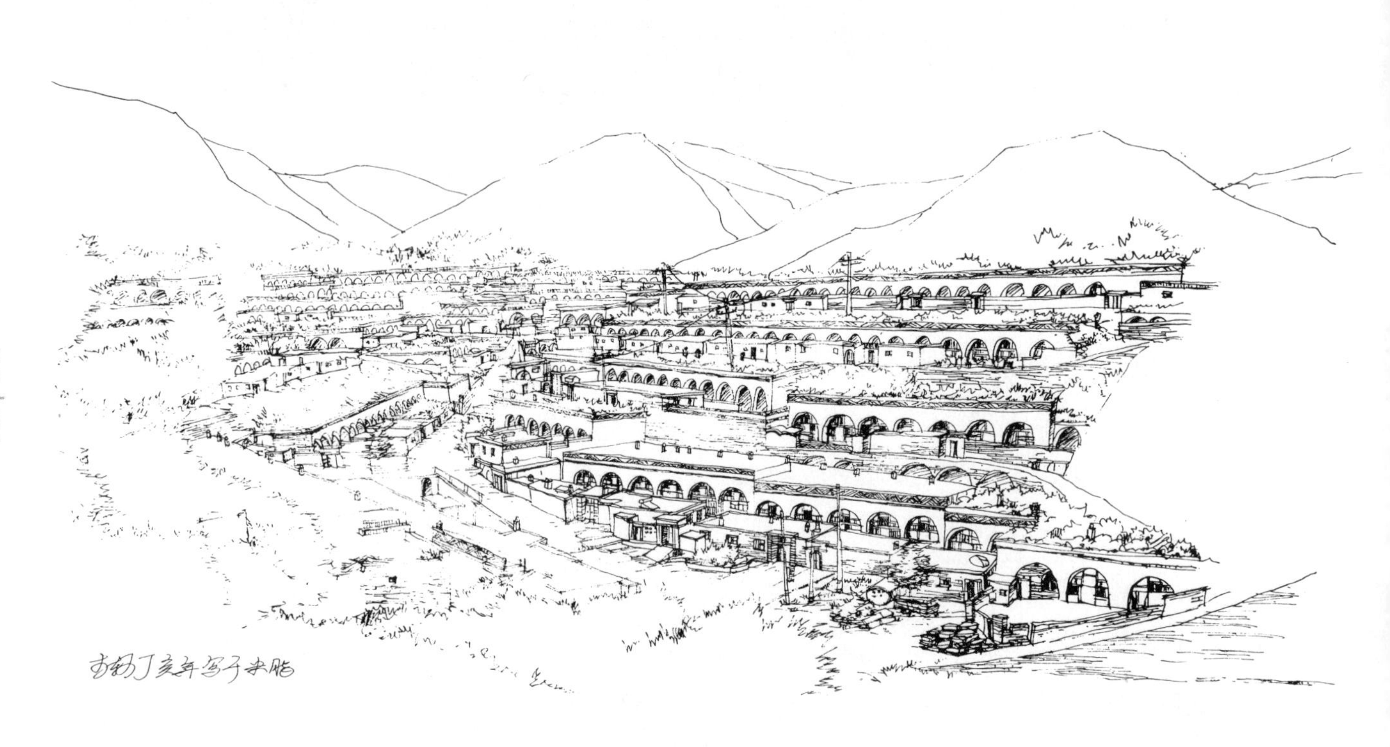
丁亥年写于米脂

奖项：二等奖作品　作者：四川美术学院　苟红　编号：395

建筑与环境艺术速写

第五届全国高等美术院校建筑与环境艺术设计专业教学年会速写作品展
SKETCHES EXHIBITION OF THE 5TH SPECIAL FIELD TEACHING ANNUAL MEETING OF ARCHITECTURE AND ENVIRONMENT DESIGN DEPARTMENTS OF FINE ART SCHOOLS IN CHINA

三等奖作品

3rd PRIZE

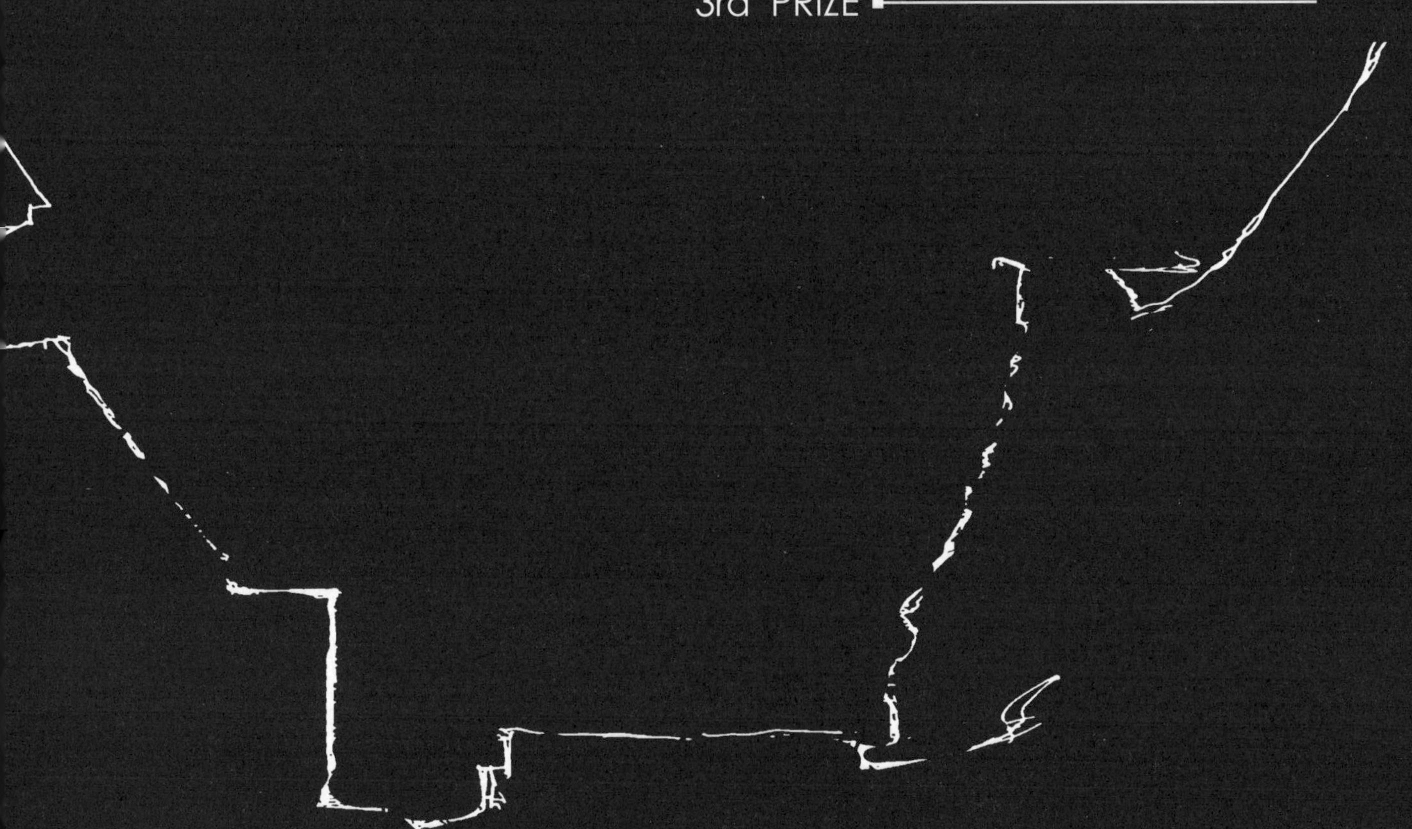

奖项：三等奖作品　　作者：中国美术学院　李咏絮　　编号：1011

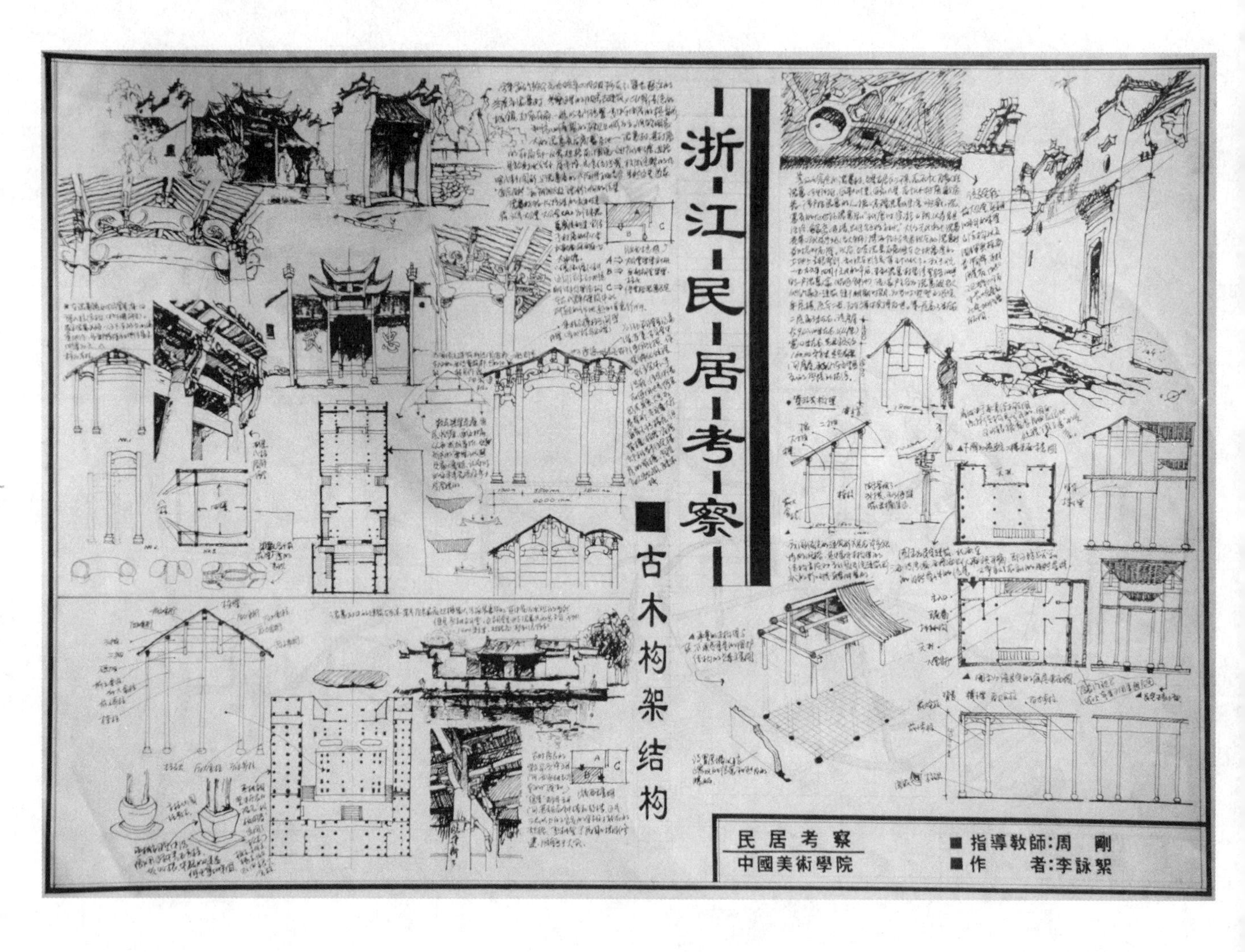

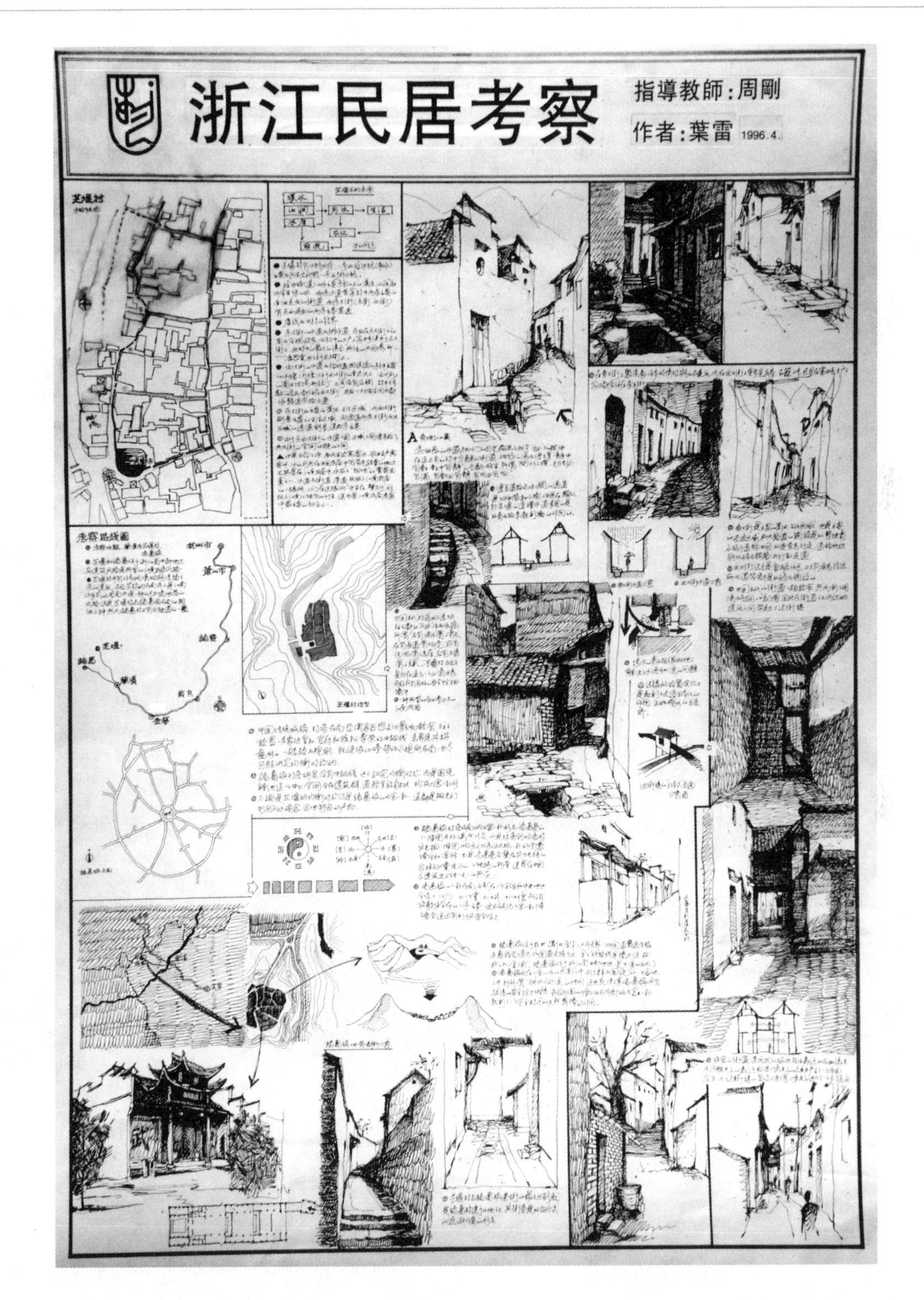
浙江民居考察
指導教師:周剛
作者:葉雷 1996.4.

民居考察
——印象·体会与表达

奖项：三等奖作品　　作者：中国美术学院　金均　　编号：1013

2005.3.8

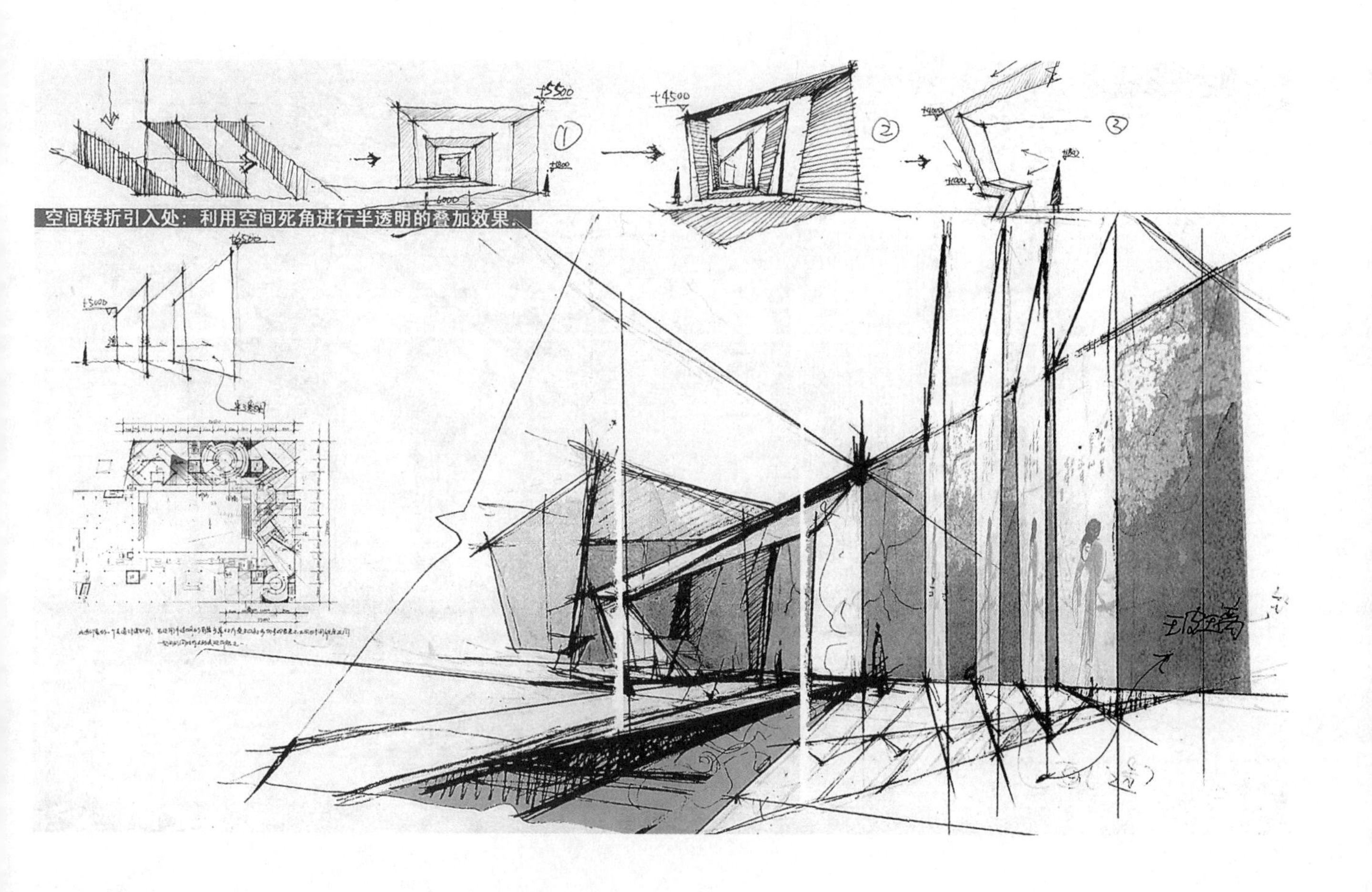
空间转折引入处：利用空间死角进行半透明的叠加效果。
+5500
①
+4500
②
③
6000
+5500
+6500

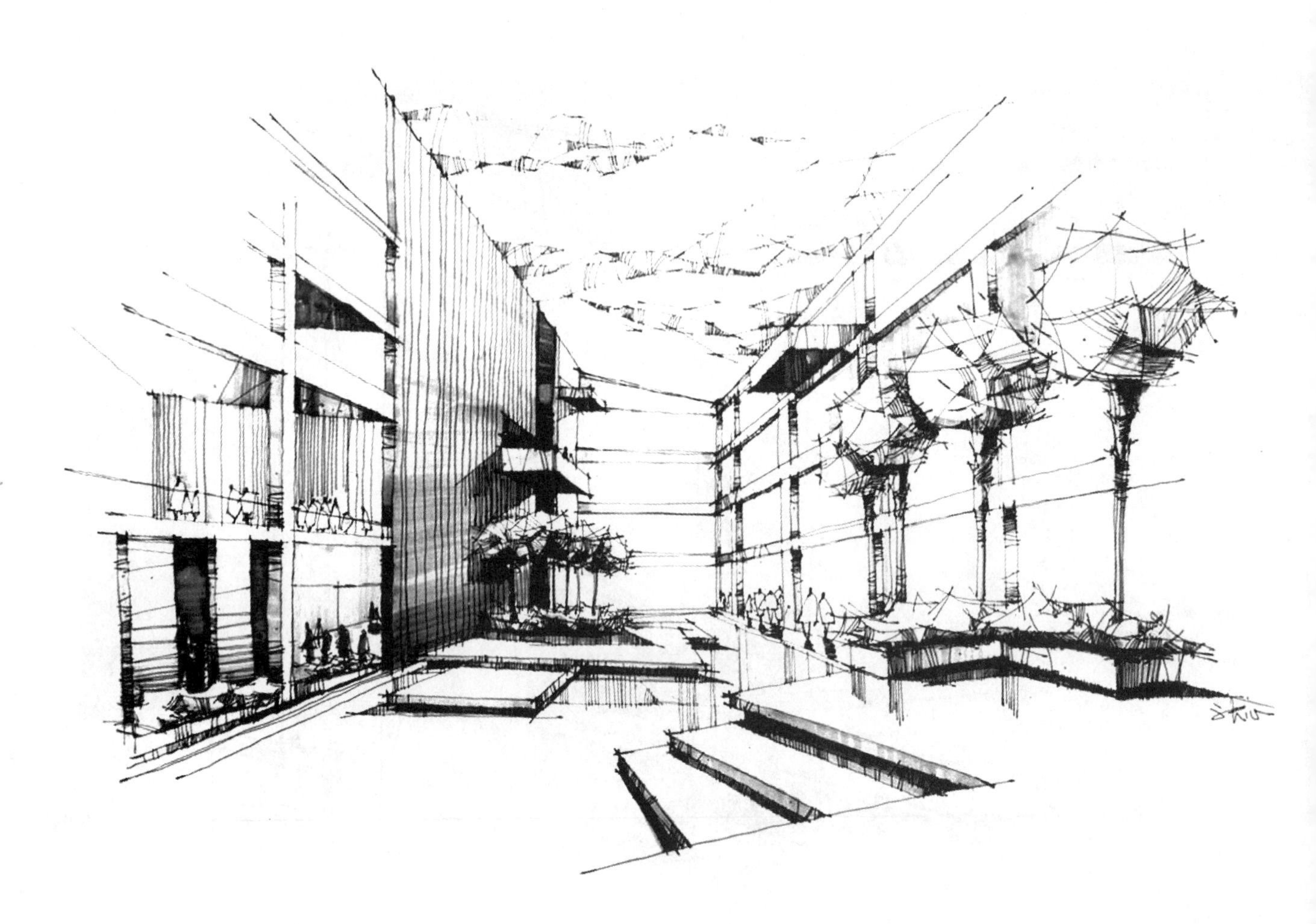

張曼畫于屏山二〇〇七年十月十三日

SHARP
OLYMPU
美居中心
南开大学 杨贝贝
YangBeibei
2008.9.7.

宋婷 2008.7
中关村 中关村广场购物中心
2007012994

郝培晨.2008.7.14

圆明园一景
刘胜男
2007012988
08.7

VISIT

OPTICAL
STEPHEN

S.S.L.
2007.7.9

2008.9.15.

马晨
08.8.20

08.08.

徐小冰.
乡土理发

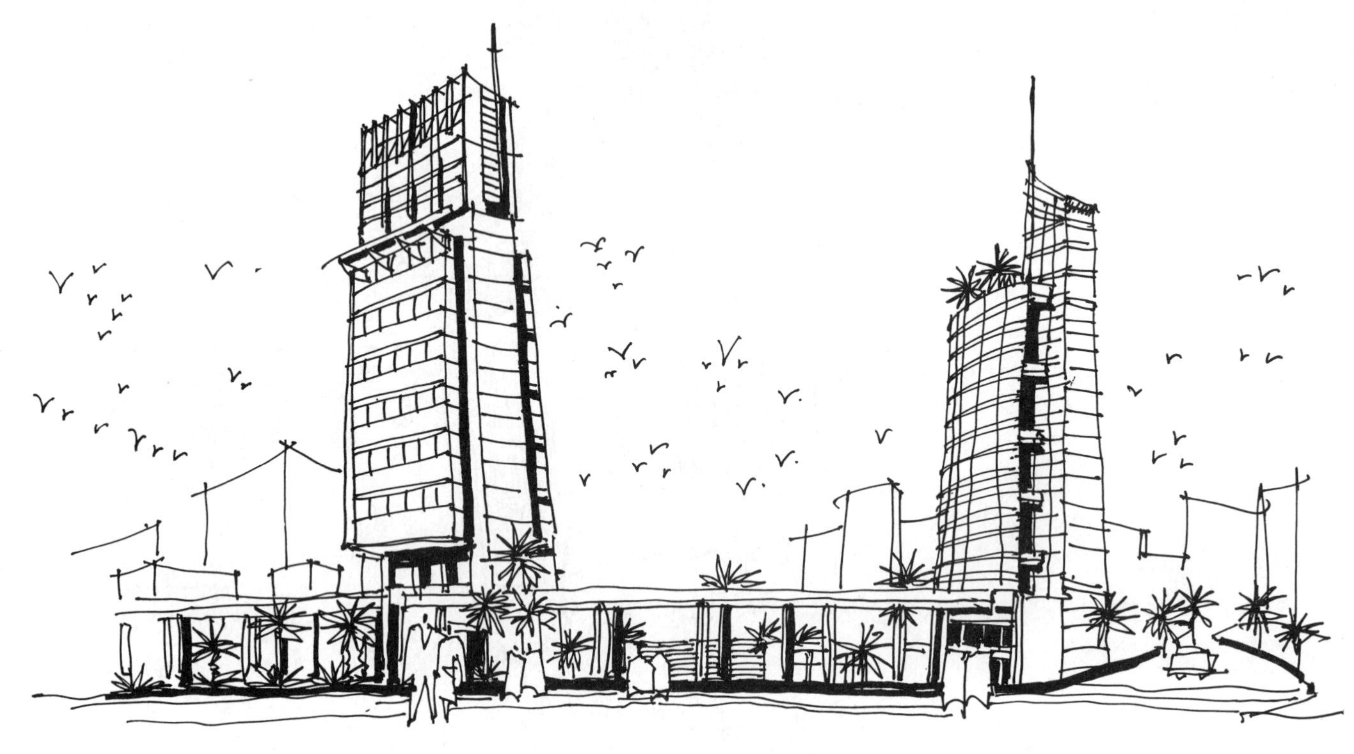
.08.08.29

奖项：三等奖作品　作者：西安交通大学　罗尚丰　编号：483

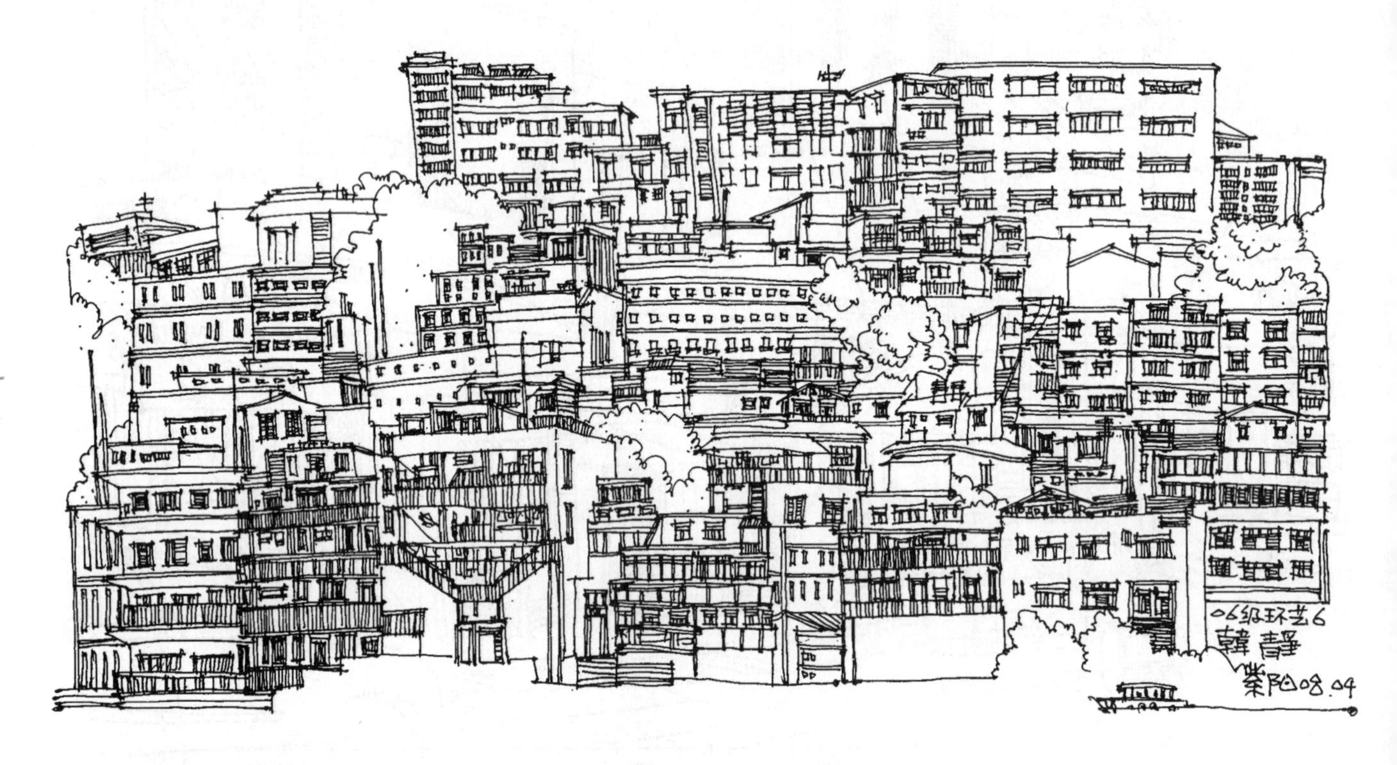
06级环艺6
韓静
08.04

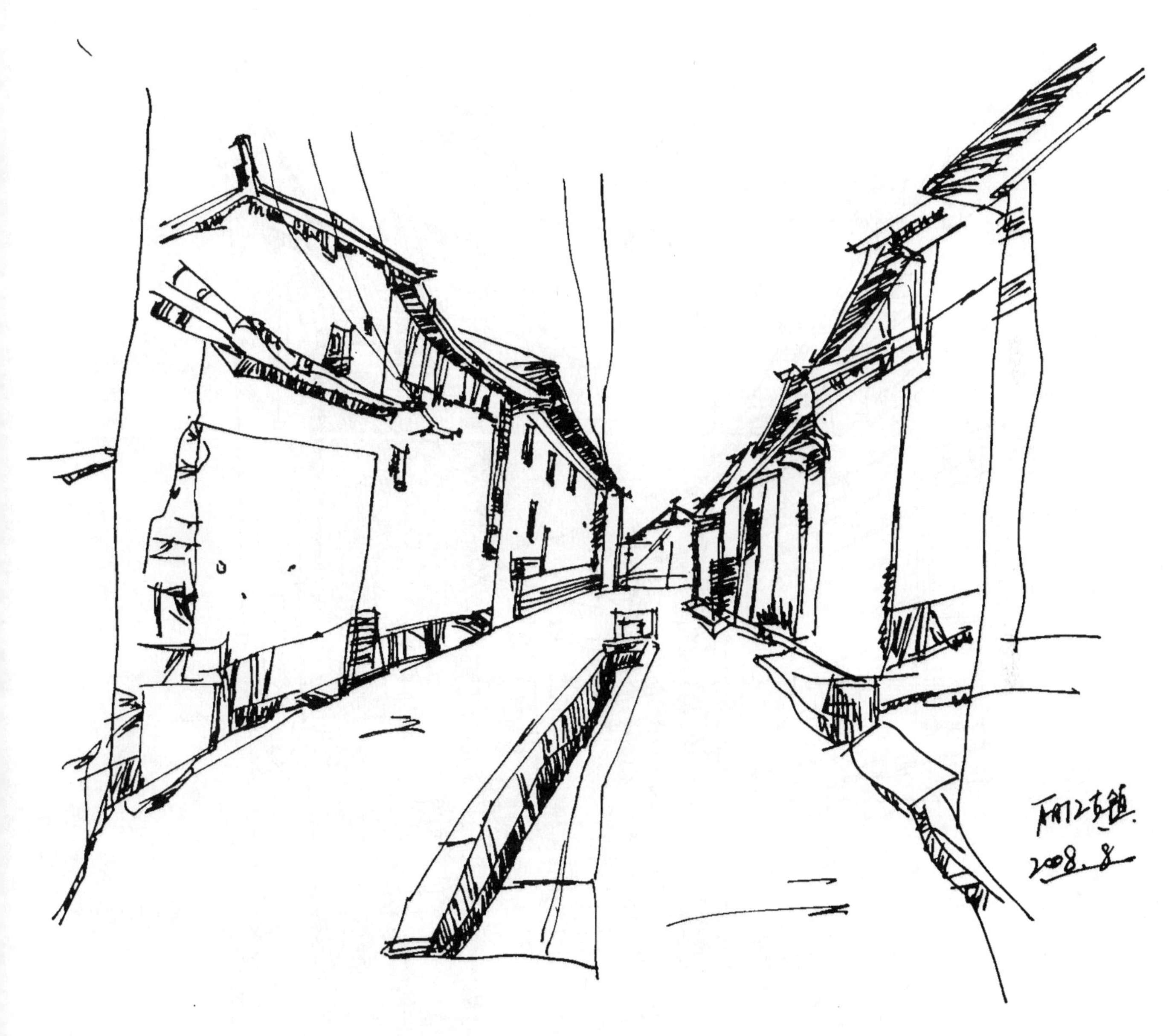
2008.8

奖项：三等奖作品　作者：浙江大学美术学院　薛先杰　编号：806

客栈
2008.
8.
22

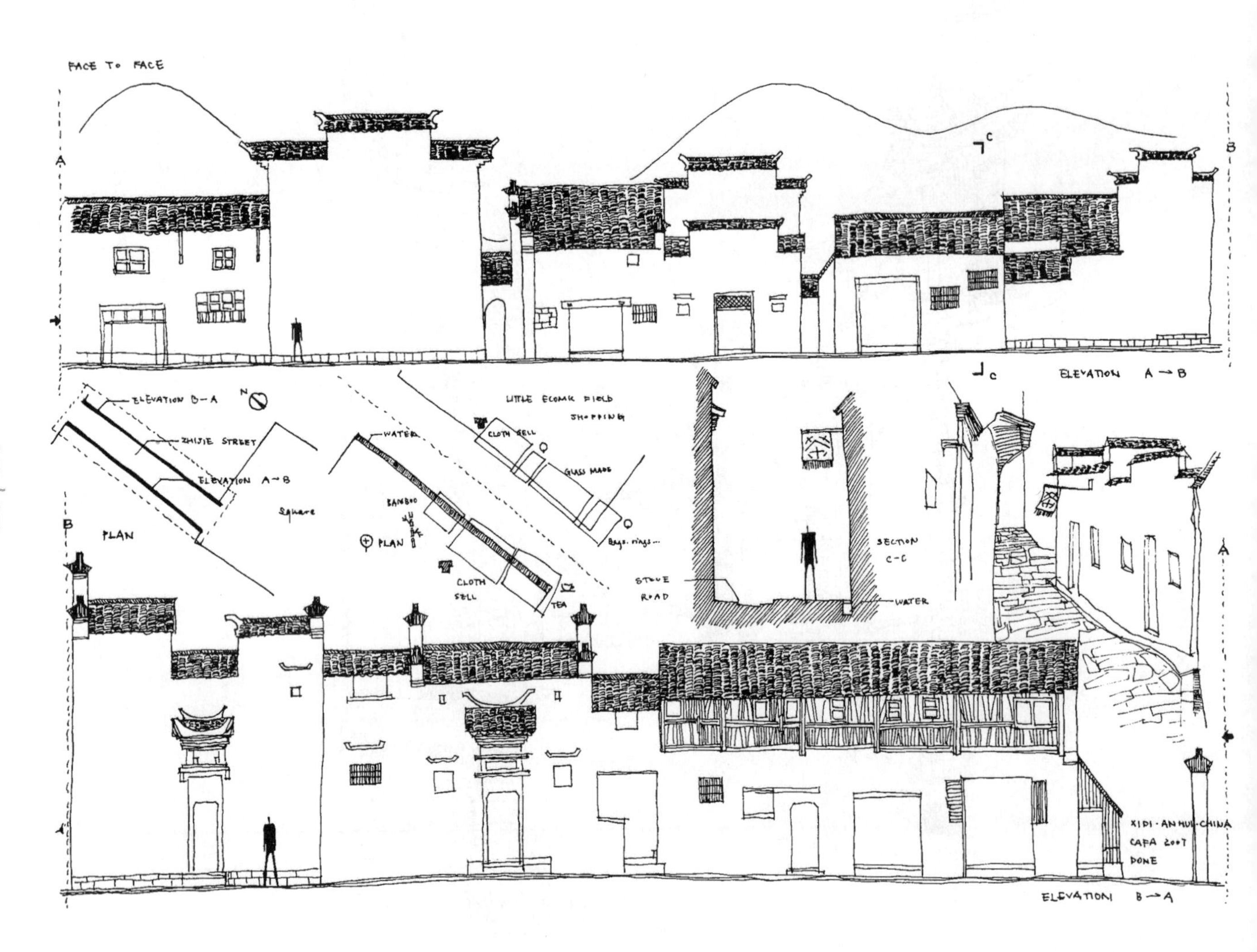
FACE TO FACE
A
B
C
ELEVATION A → B
ELEVATION B-A
ZHIJIE STREET
ELEVATION A~B
PLAN
N
Square
WATER
LITTLE ECOMK FIELD
SHOPPING
CLOTH SELL
GLASS MADE
BAMBOO
PLAN
CLOTH SELL
TEA
Bags. rings...
SECTION C-C
STONE ROAD
WATER
XIDI · ANHUI · CHINA
CAFA 2007
DONE
ELEVATION B → A

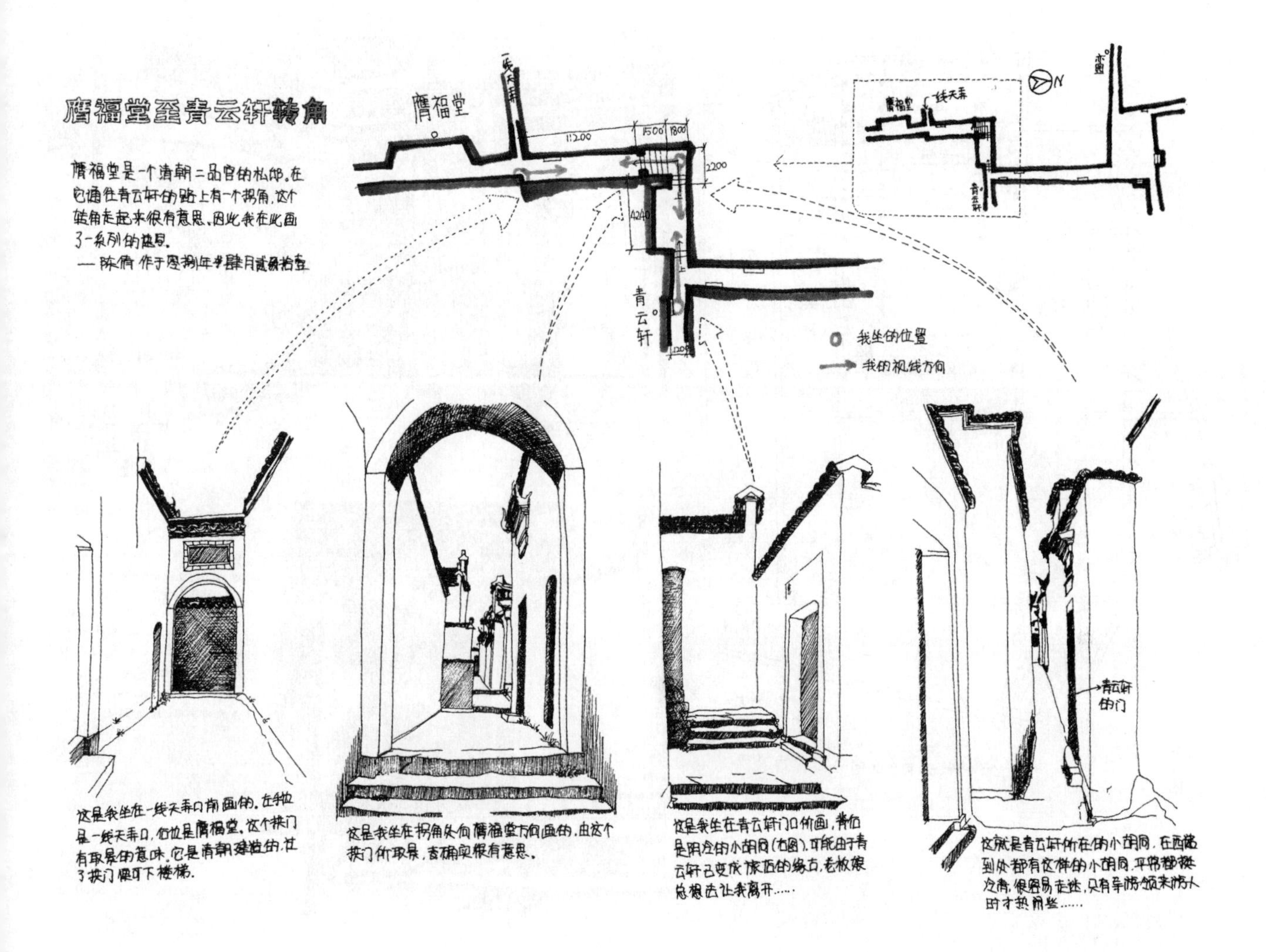
膺福堂至青云轩转角
膺福堂是一个清朝二品官的私邸。在它通往青云轩的路上有一个拐角，这个转角走起来很有意思，因此我在此画了一系列的速写。
——陈倩 作于贰捌年肆月贰拾壹
膺福堂
一线天弄
11200
1500
1800
2200
4240
青云轩
我坐的位置
我的视线方向
青云轩的门
这是我坐在一线天弄口前画的。左手边是一线天弄口，右边是膺福堂。这个拱门有取景的意味。它是清朝建造的，过了拱门便可下楼梯。
这是我坐在拐角处向膺福堂方向画的。由这个拱门所取景，的确很有意思。
这是我坐在青云轩门口所画，背后是阴冷的小胡同（右图）。可能由于青云轩已变成旅店的缘故，老板娘总想去让我离开……
这就是青云轩所在的小胡同。在西递到处都有这样的小胡同，平常都挺冷清，很容易走迷，只有导游领来游人时才热闹些……

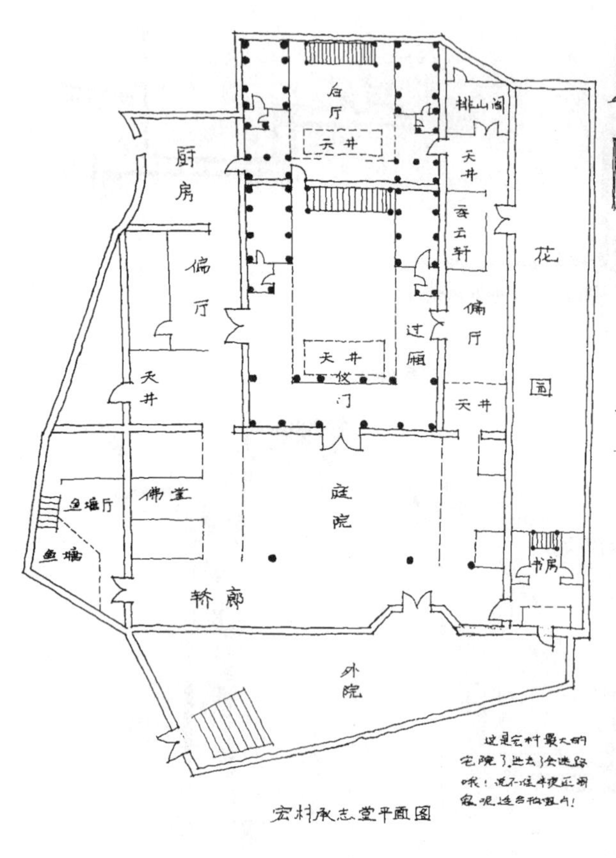

宏村承志堂平面图

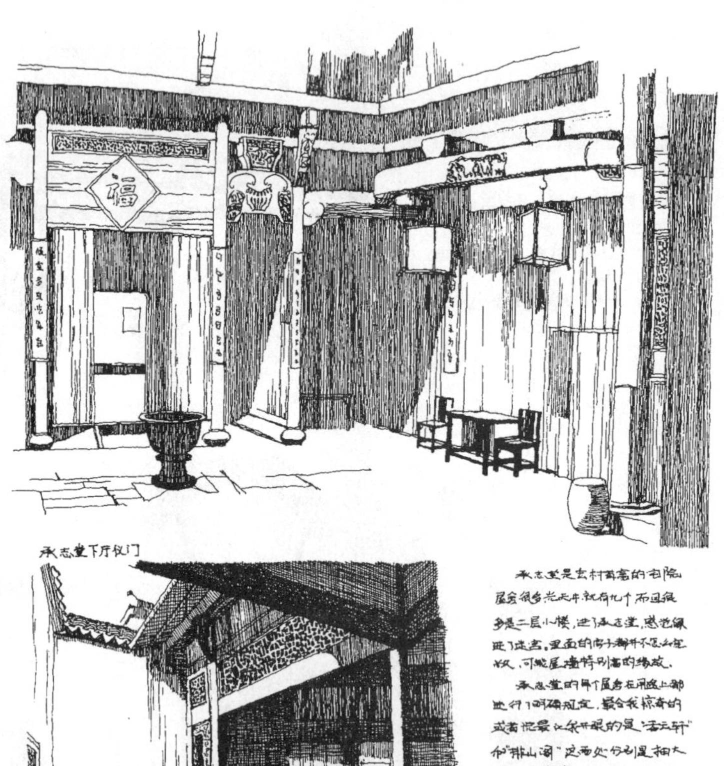

承志堂下厅仪门

承志堂是宏村最大的宅院，屋舍很多，光天井就有九个，而且很多是二层小楼，进了承志堂，感觉像进了迷宫。里面的房子都并不怎么宽敞，可能是墙特别高的缘故。

承志堂的每个屋舍在用途上都进行了明确规定，最令我惊奇的或者说最让我开眼的是"吞云轩"和"排山阁"，这两处分别是抽大烟和打麻将的场所。一看就是大地主家，真是腐败。

承志堂鱼塘厅天井

楚东旭
53060405
2008年4月26日

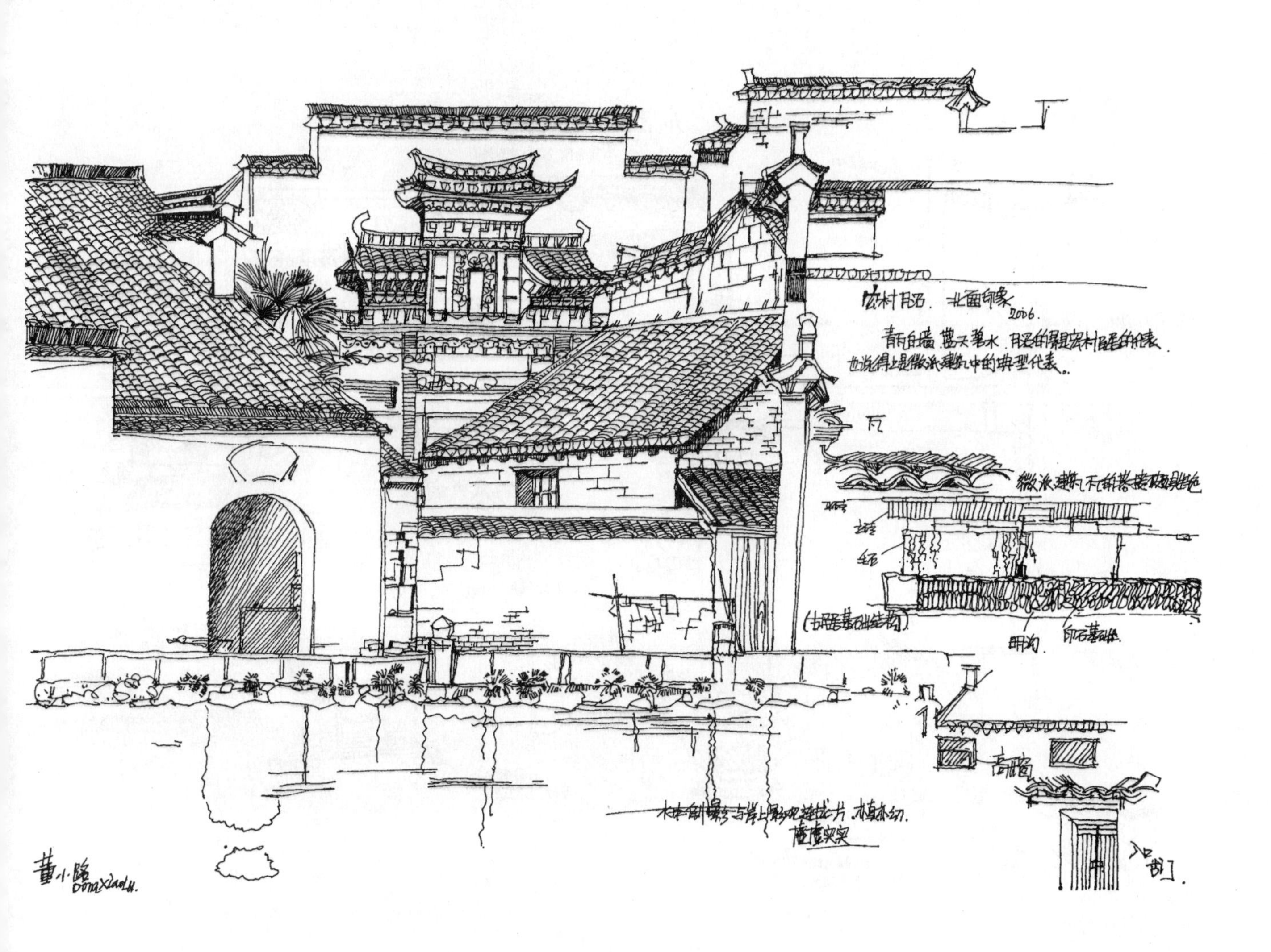
宏村月沼，北面印象
2006.
瓦
明沟
高窗
董小璐

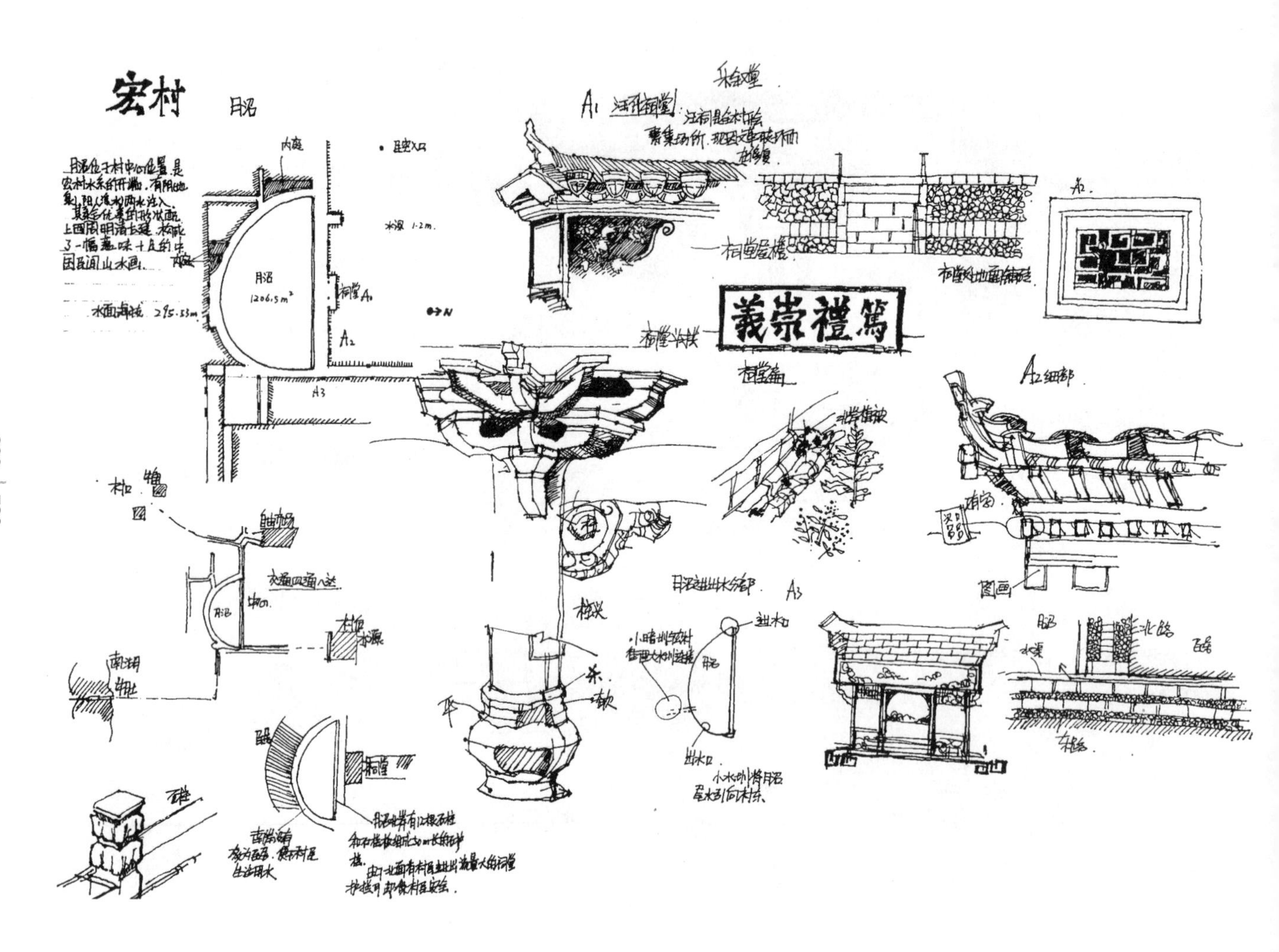
宏村
月沼
A1
A2
A3
義崇禮篤
A2细部

奖项：三等奖作品　　作者：西安美术学院　罗艳枚　　编号：639

奖项：三等奖作品　作者：西安建筑科技大学　王琦　编号：458

建筑与环境艺术速写

第五届全国高等美术院校建筑与环境艺术设计专业教学年会速写作品展

SKETCHES EXHIBITION OF THE 5TH SPECIAL FIELD TEACHING ANNUAL MEETING OF ARCHITECTURE AND ENVIRONMENT DESIGN DEPARTMENTS OF FINE ART SCHOOLS IN CHINA

优秀奖作品

EXCELLENCE PRIZE

奖项：优秀奖作品　　作者：广州美术学院　孔令莹　　编号：721

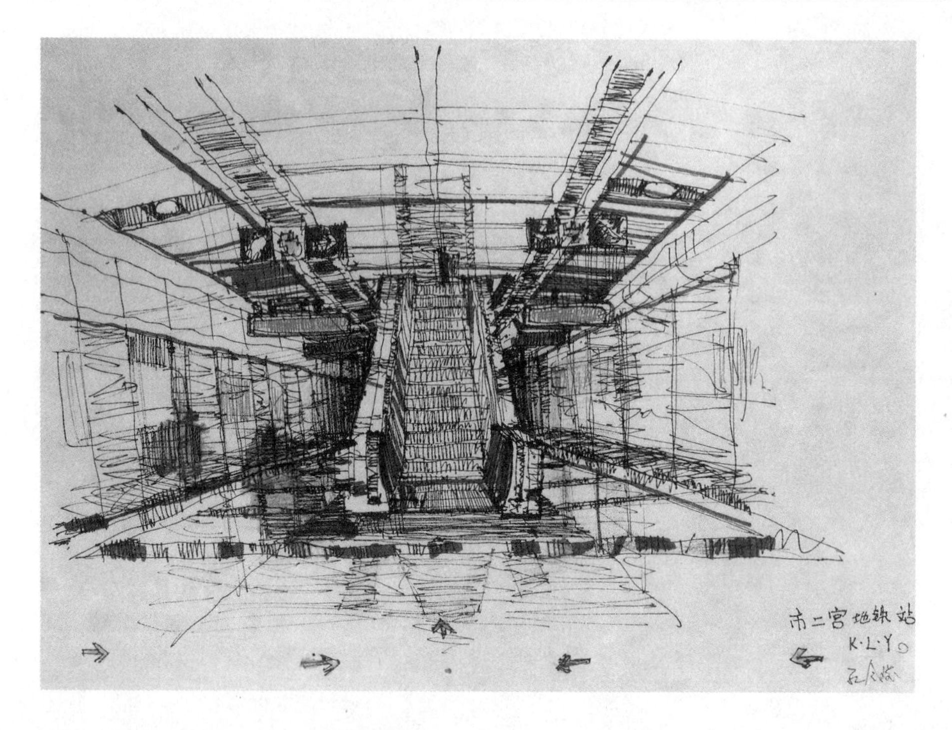

奖项：优秀奖作品　　作者：广州美术学院　杨飞　　编号：713

奖项：优秀奖作品　　作者：广州美术学院　袁铭栏　　编号：704

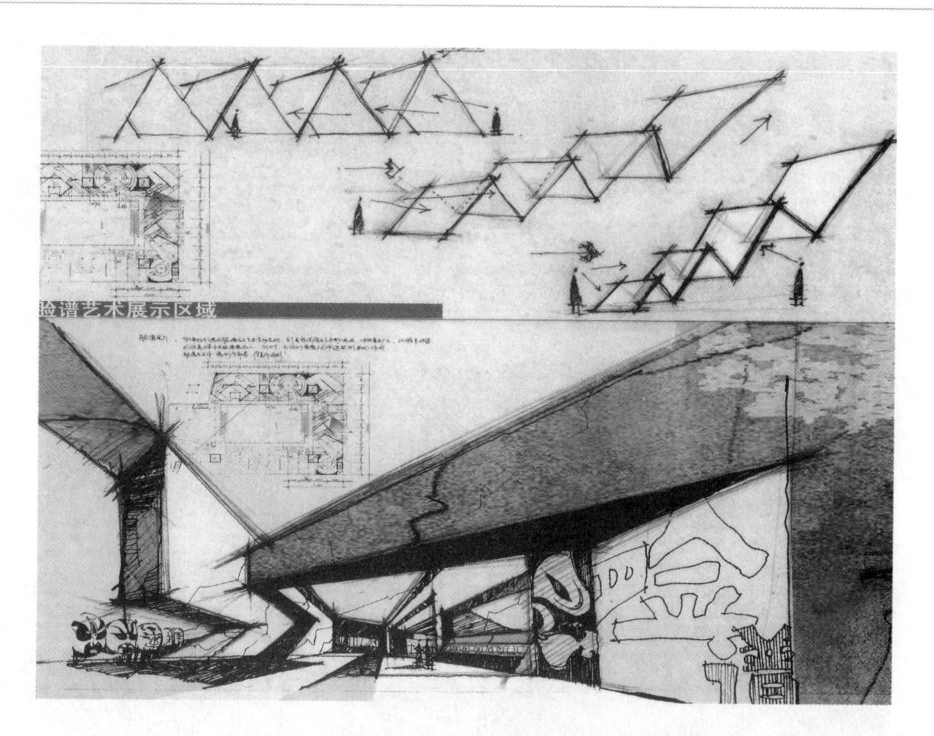

奖项：优秀奖作品　　作者：湖北美术学院　刘劲飞　　编号：105

05.3.12 沙面 张心

环二
初伟光

环二初伟光

安徽屏山 唐惠子二00七年十月十五日

刘洋
07.10.10
07.10.10

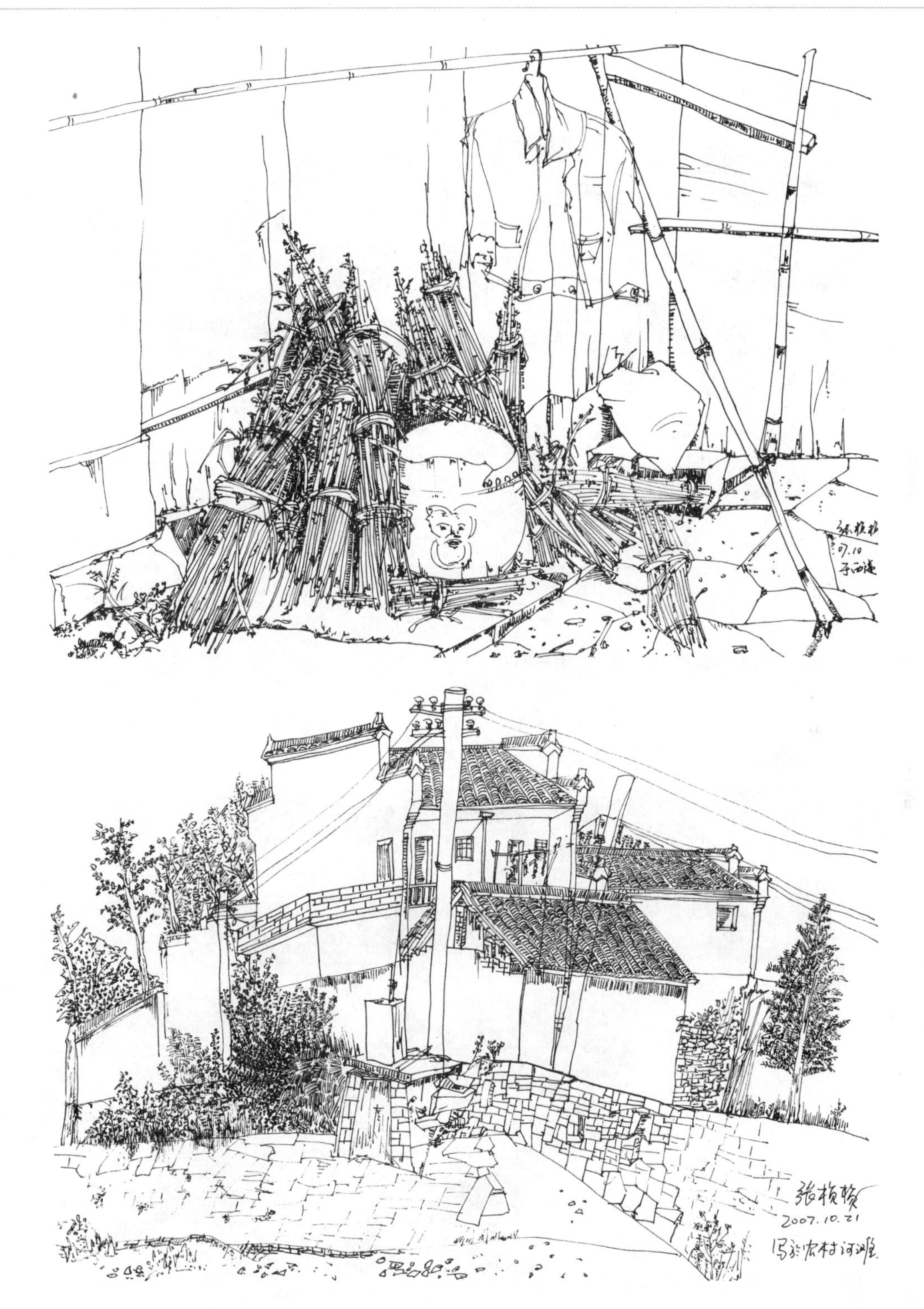
张桢桢
07.10
于西递
張楨楨
2007.10.21
写于农村河滩

奖项：优秀奖作品　　作者：湖北美术学院　汪洋　　编号：090

奖项：优秀奖作品　　作者：鲁迅美术学院　刘可辛　　编号：003

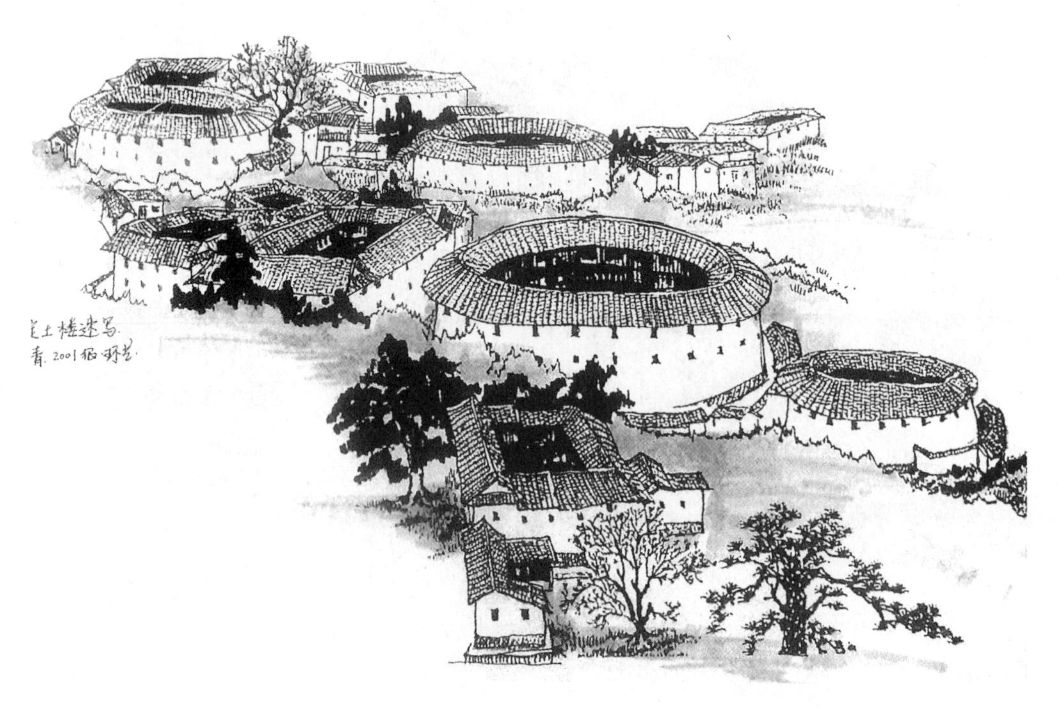

2007. 7. 1.

奖项：优秀奖作品　　作者：鲁迅美术学院　陈玲　　编号：041

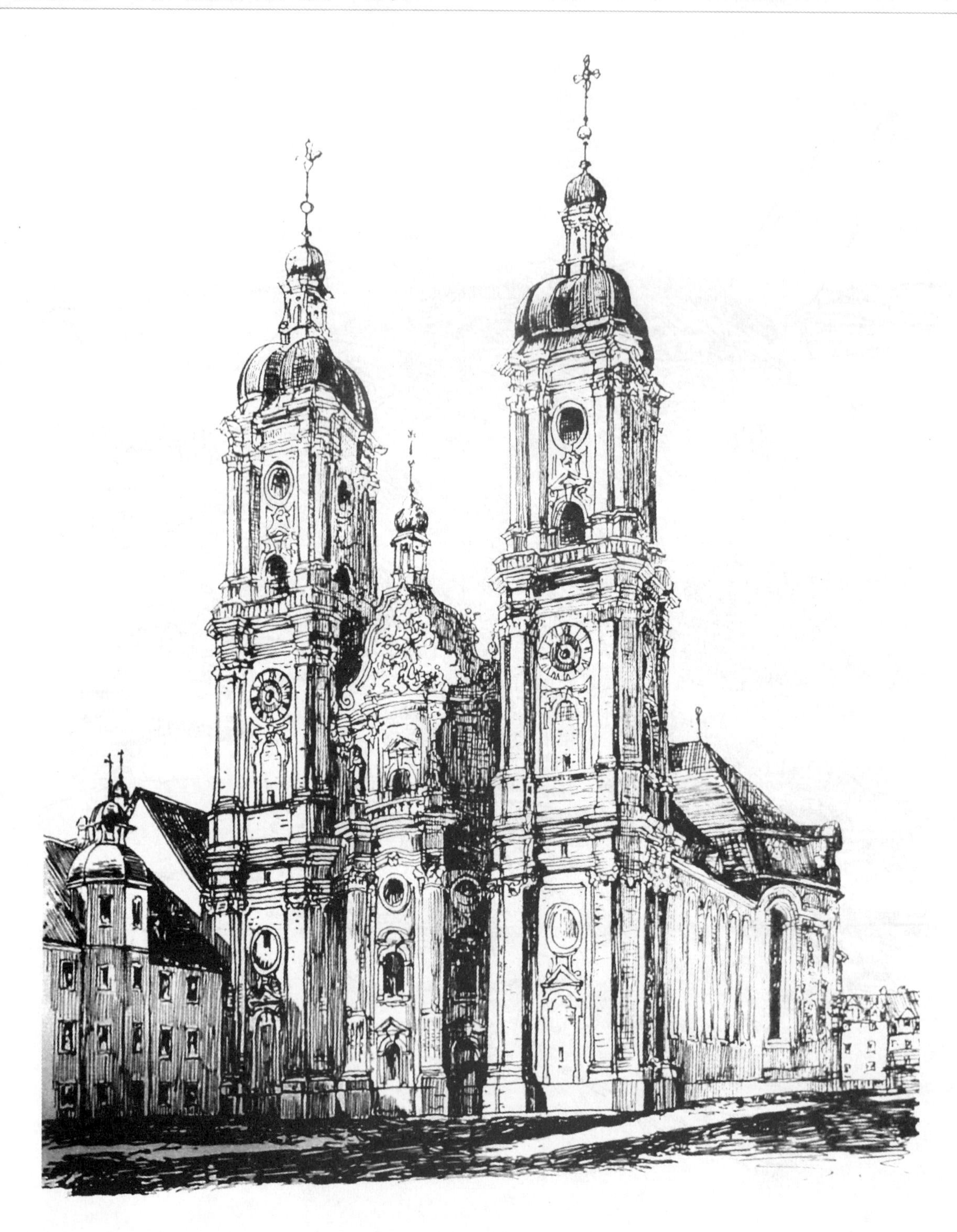

奖项：优秀奖作品　　作者：鲁迅美术学院　鄂松子　　编号：012

奖项：优秀奖作品　　作者：鲁迅美术学院　时间　　编号：007

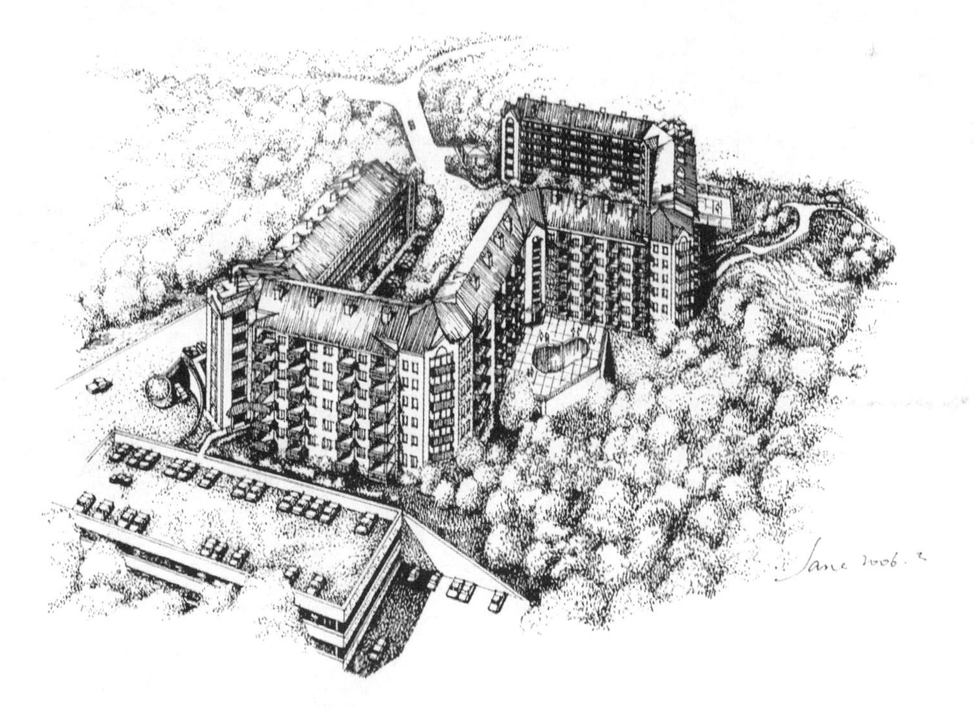

奖项：优秀奖作品　　作者：鲁迅美术学院　陈凤　　编号：032

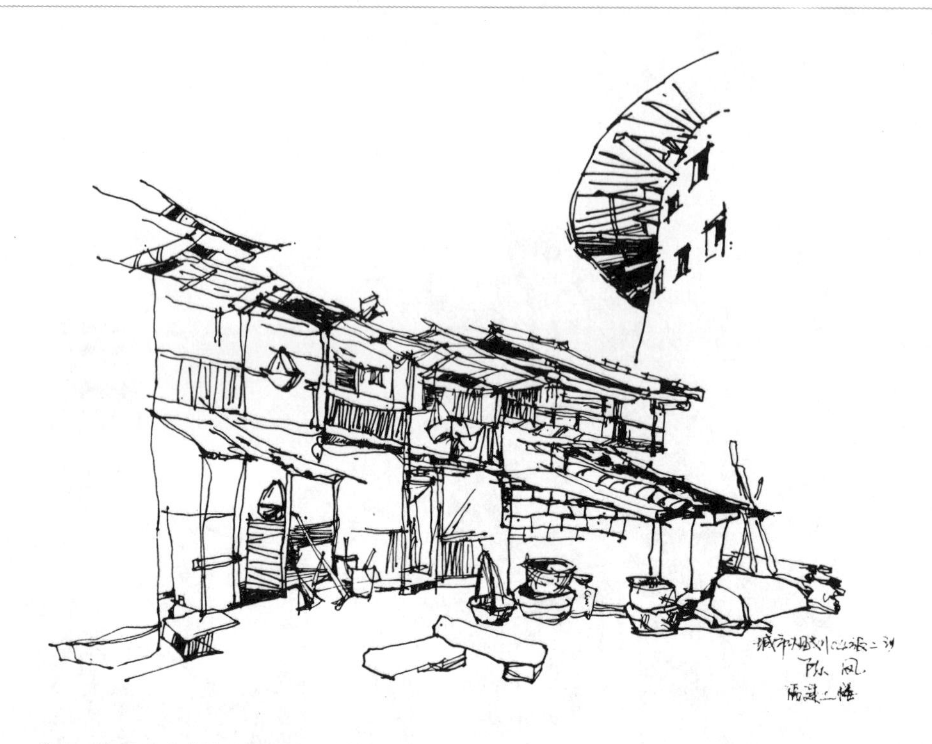

奖项：优秀奖作品　　作者：鲁迅美术学院　孙丽艳　　编号：018

sienne
2003级 环艺一班 李贝妮

奖项：优秀奖作品　　作者：鲁迅美术学院　朱怡青　　编号：033

奖项：优秀奖作品　　作者：青岛理工大学　张业浩　　编号：234

奖项：优秀奖作品　　作者：青岛理工大学　车潞　　编号：224

奖项：优秀奖作品　　作者：青岛理工大学　万坤　　编号：244

奖项：优秀奖作品　　作者：青岛理工大学　敬树勇　　编号：243

奖项：优秀奖作品　　作者：青岛理工大学　刘甜　　编号：242

奖项：优秀奖作品　　作者：青岛理工大学　宁华　　编号：236

奖项：优秀奖作品　　作者：青岛理工大学　孙磊　　编号：238

安徽
黟县
吴璠
200610263
07.8.2

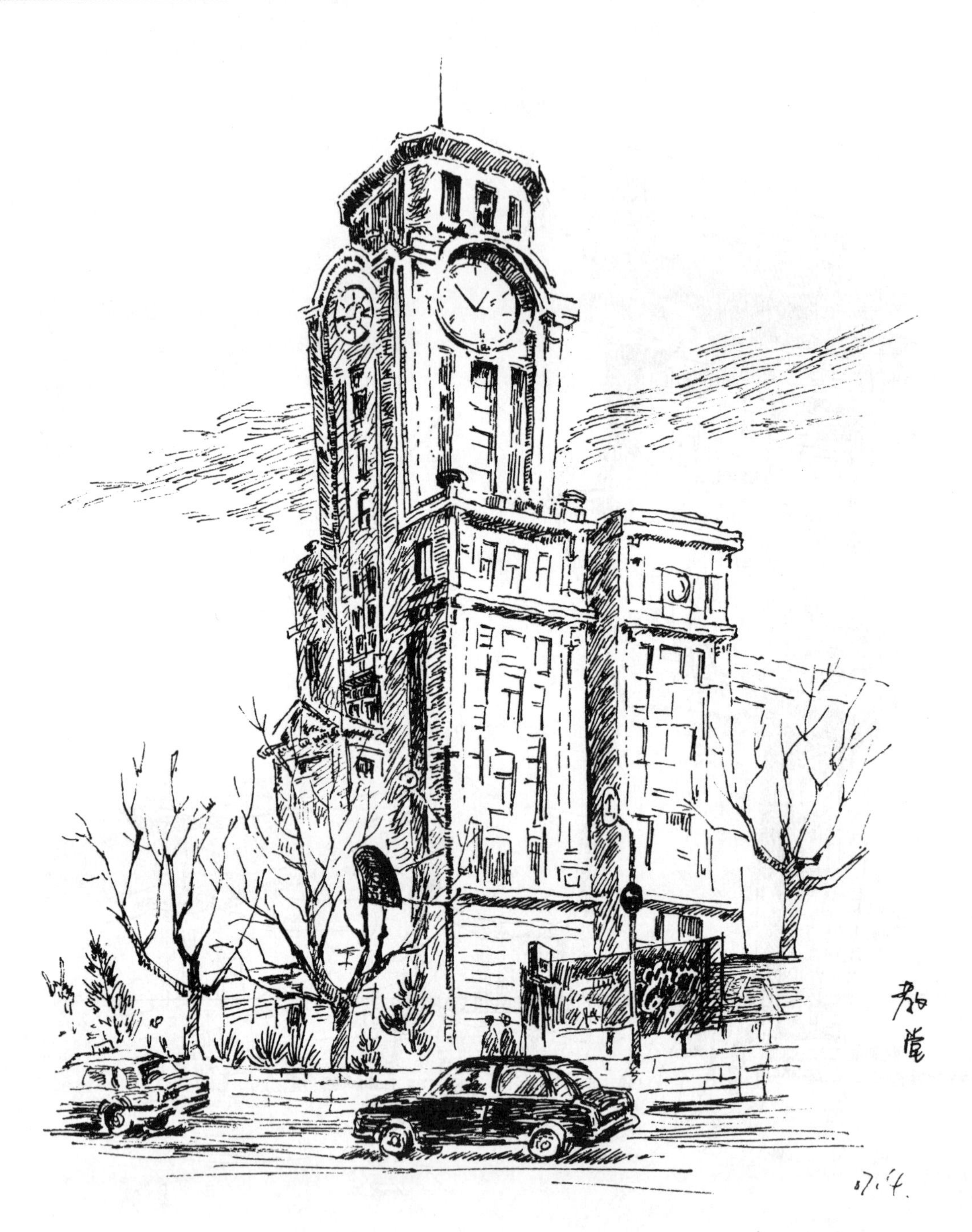
07.4.
杨成 250×300

奖项：优秀奖作品　　作者：青岛理工大学　张俊丰　　编号：235

奖项：优秀奖作品　　作者：青岛理工大学　赵梅　　编号：225

艺设053班
张晓玲
2005 10 15

奖项：优秀奖作品　作者：青岛理工大学　刘群　编号：1102

奖项：优秀奖作品　作者：清华大学美术学院　白兰　编号：546

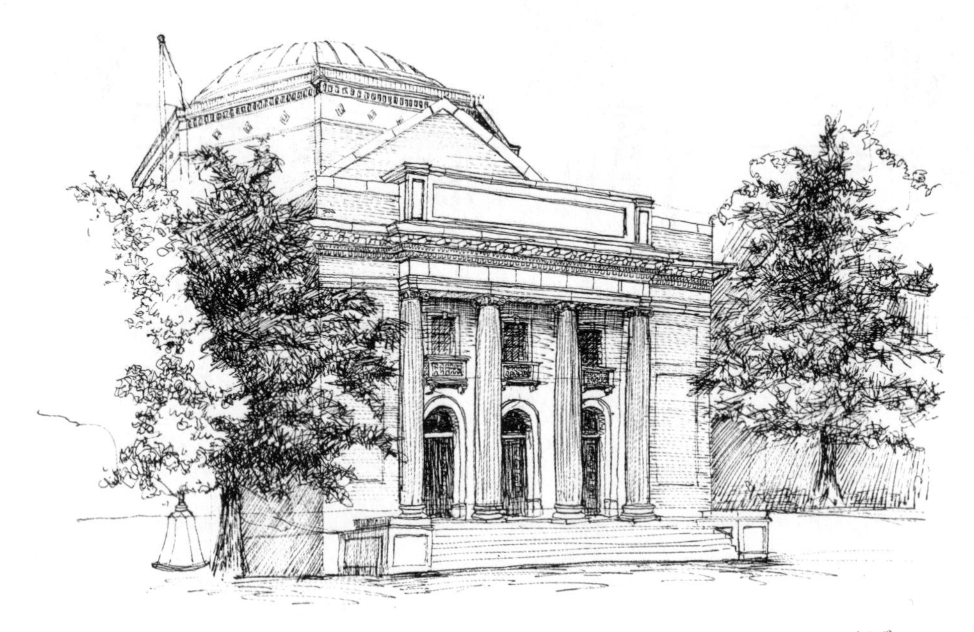

奖项：优秀奖作品　　作者：清华大学美术学院　刘轶　　编号：560

奖项：优秀奖作品　　作者：清华大学美术学院　冯茜　　编号：534

奖项：优秀奖作品　　作者：清华大学美术学院　郝培晨　　编号：525

奖项：优秀奖作品　　作者：清华大学美术学院　刘轶　　编号：548

奖项：优秀奖作品　　作者：清华大学美术学院　贾萌飞　　编号：542

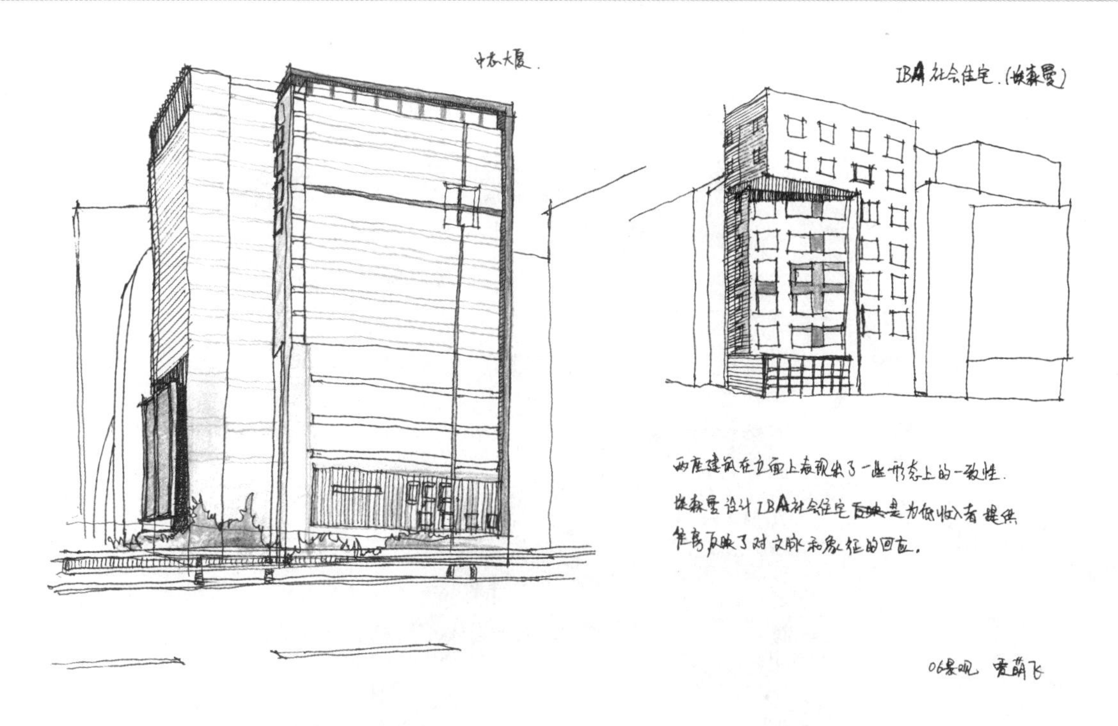

奖项：优秀奖作品　　作者：清华大学美术学院　刘胜男　　编号：552

清华大礼堂
胡游柳
08.7.9

鼎好
鼎好
宋婷 2008.7
中关村西.【鼎好电子商城】
2007012994.

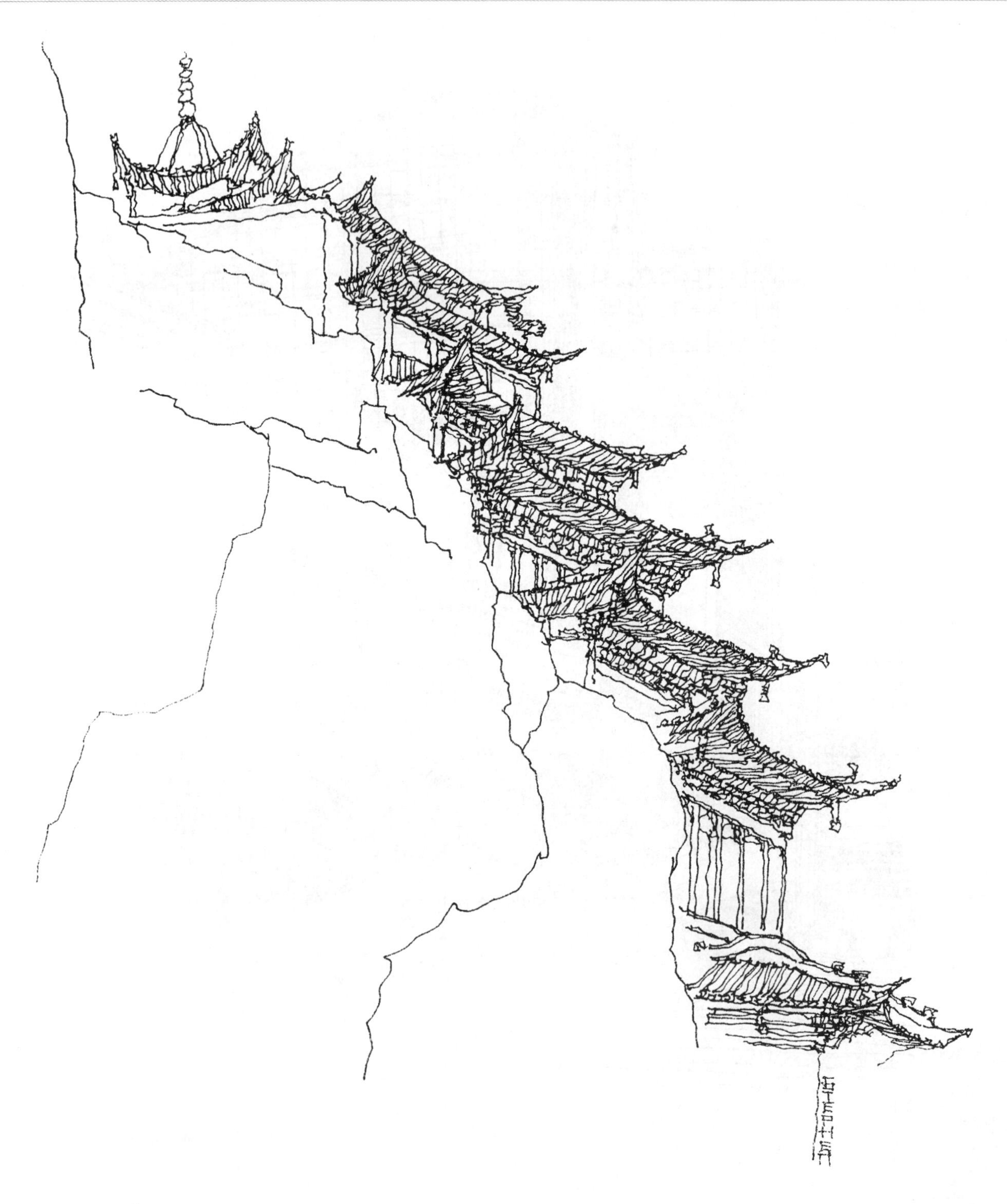

奖项：优秀奖作品　　作者：山东工艺美术学院　李丽丽　　编号：158

奖项：优秀奖作品　　作者：山东工艺美术学院　徐涛　　编号：155

奖项：优秀奖作品　　作者：陕西科技大学　吕琛　　编号：351

奖项：优秀奖作品　　作者：陕西科技大学　李培杰　　编号：361

奖项：优秀奖作品　作者：上海大学美术学院　许健坤　编号：112

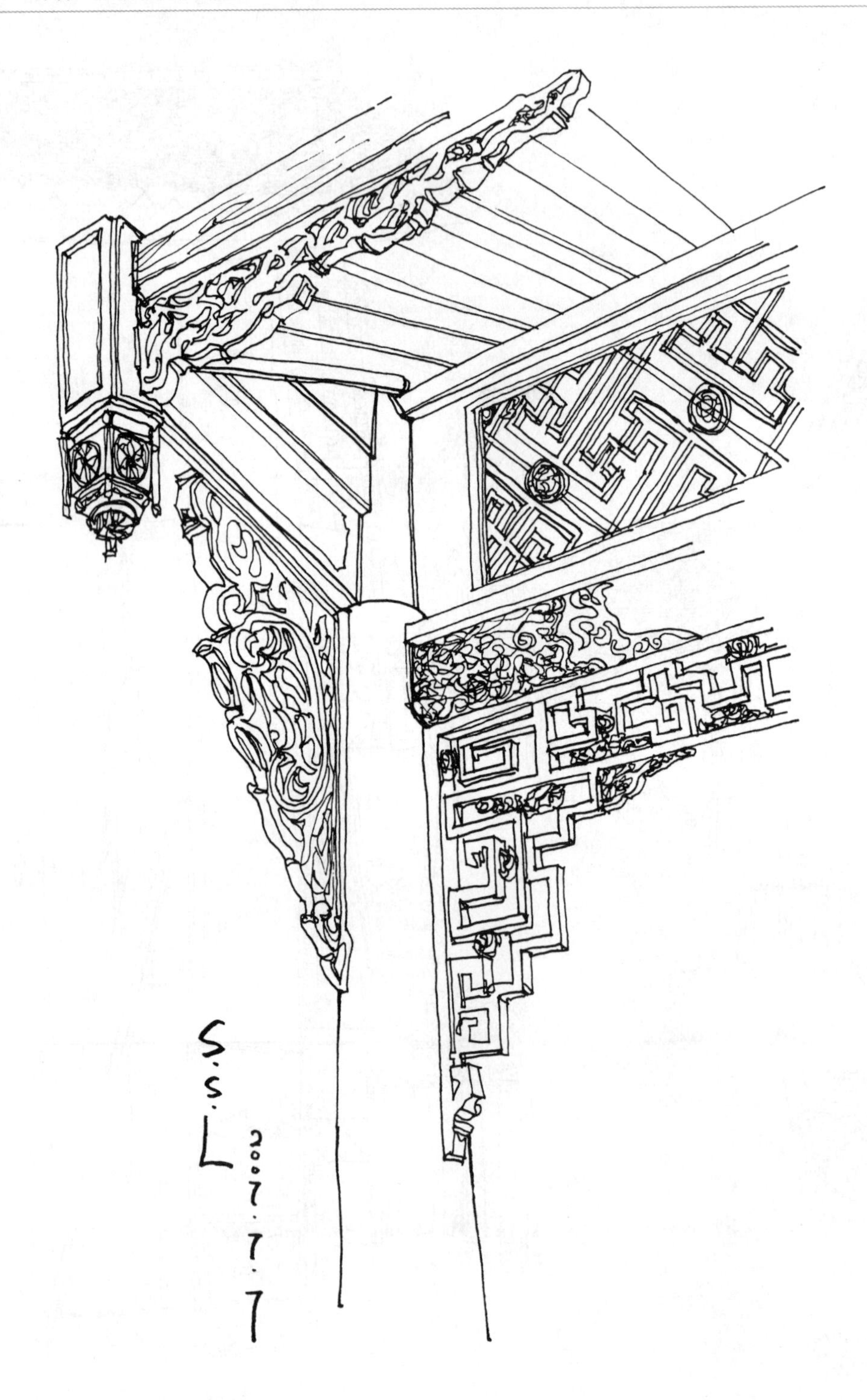
S.S.L
2007.7.7

奖项：优秀奖作品　　作者：上海大学美术学院　陈文　　编号：131

奖项：优秀奖作品　　作者：深圳大学　刘锡辉　　编号：436

2007050157
胡中原

优秀作品选登　作者：深圳大学　林雄　编号：441

奖项：优秀奖作品　作者：深圳大学　庄开才　编号：446

奖项：优秀奖作品　　作者：深圳大学　曾文亮　　编号：447

奖项：优秀奖作品　　作者：深圳大学　梁宗敏　　编号：448

奖项：优秀奖作品　　作者：深圳大学　徐小宁　　编号：450

奖项：优秀奖作品　　作者：深圳大学　麦景锋　　编号：451

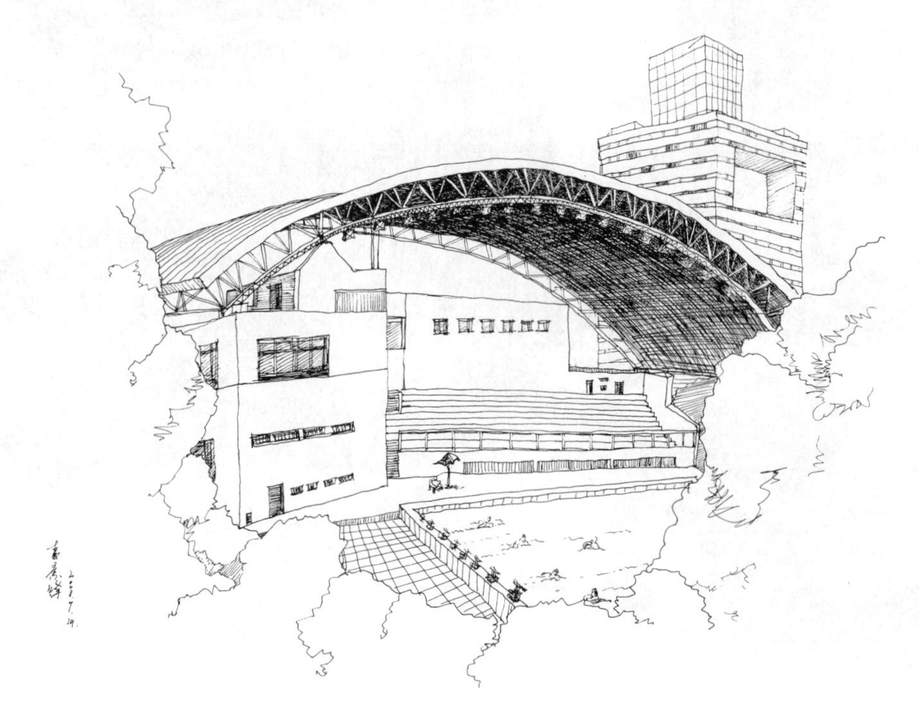

08.
7.
22.

杜凯

徐小冰

奖项：优秀奖作品　　作者：天津美术学院　王天赋　　编号：072

奖项：优秀奖作品　　作者：天津美术学院　宋芯瑶　　编号：058

奖项：优秀奖作品　　作者：天津美术学院　张越成　　编号：053

奖项：优秀奖作品　　作者：天津美术学院　唐义涛　　编号：054

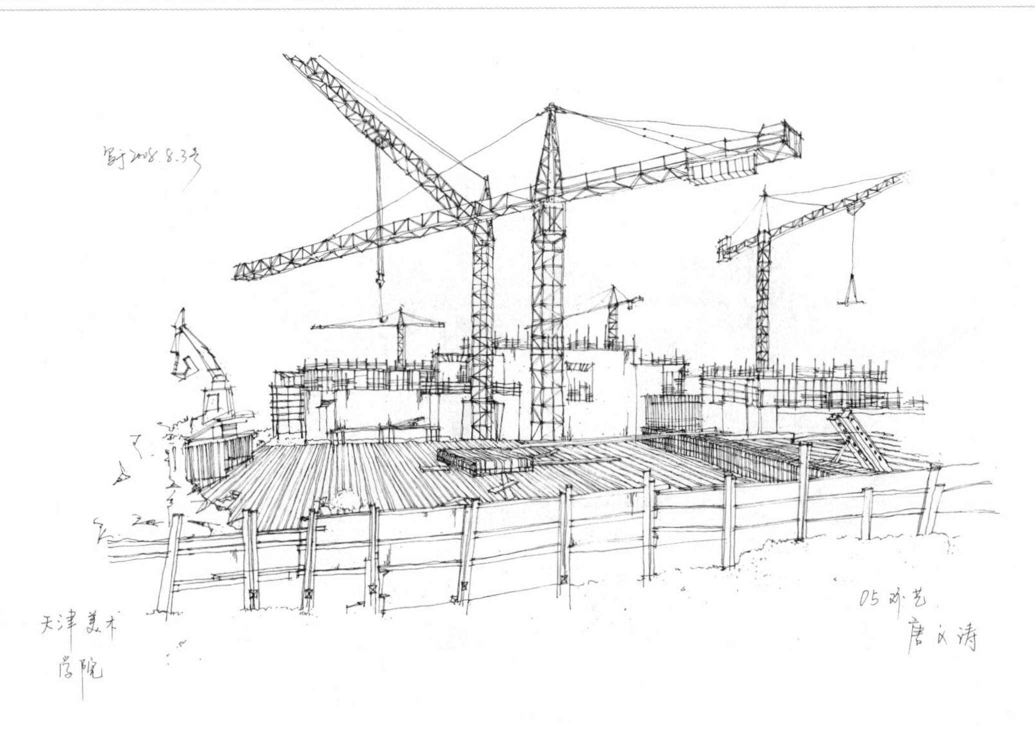

奖项：优秀奖作品　　作者：天津美术学院　康颖　　编号：055

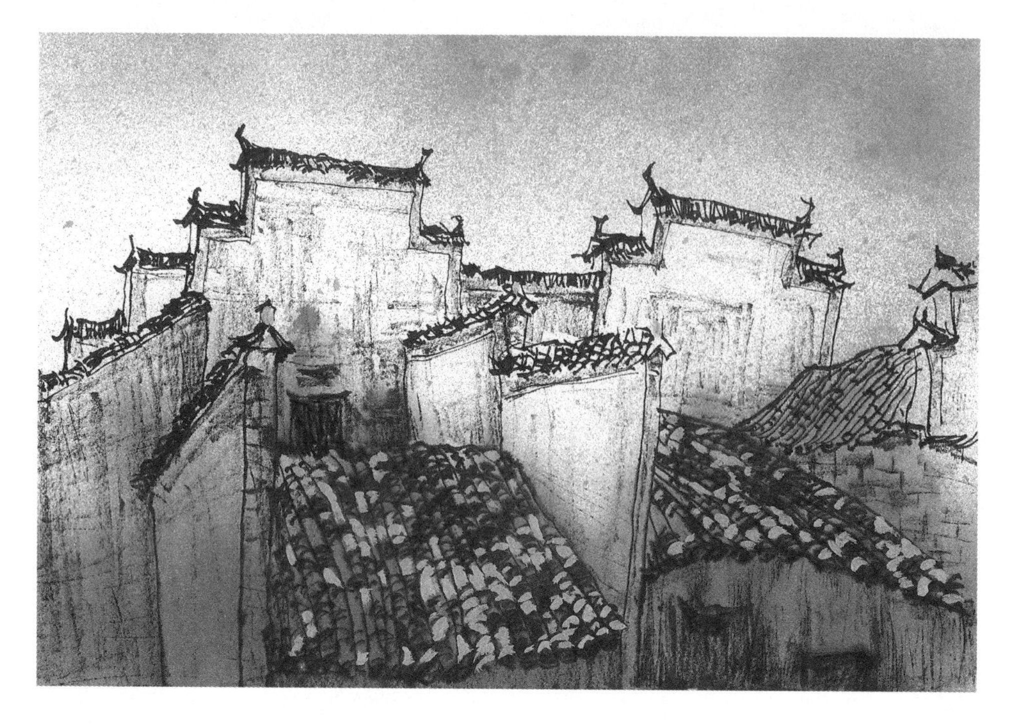

奖项：优秀奖作品　　作者：天津美术学院　吴尚荣　　编号：056

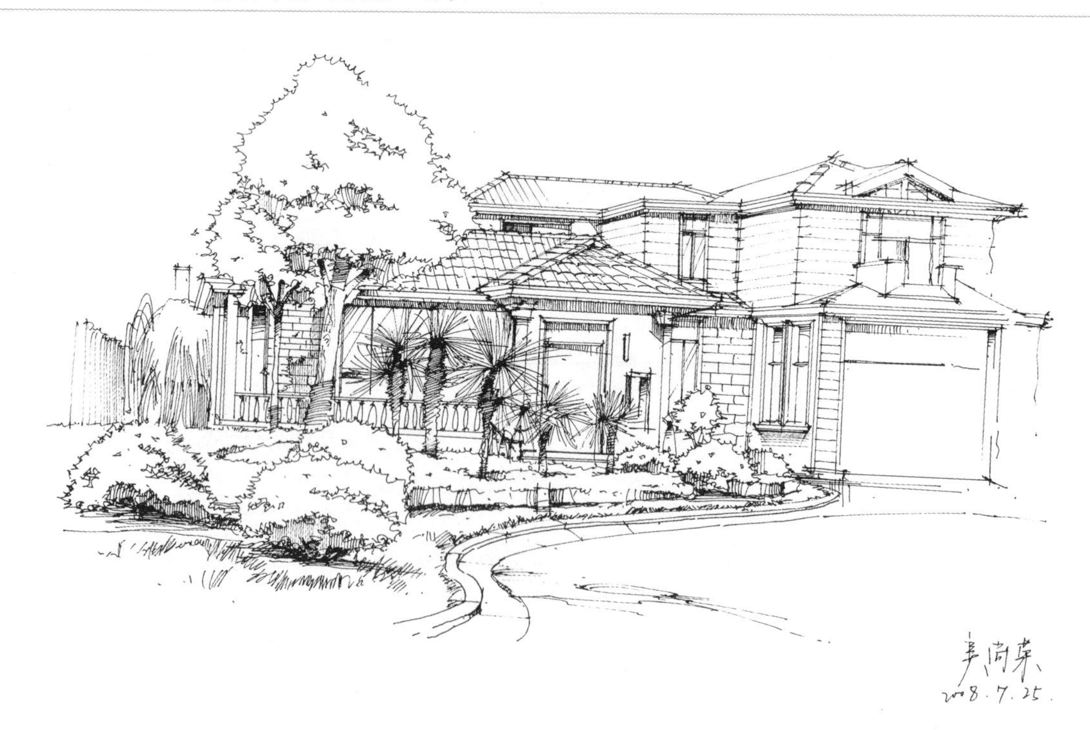

奖项：优秀奖作品　　作者：天津美术学院　曹溶萱　　编号：057

奖项：优秀奖作品　　作者：天津美术学院　白明川　　编号：059

奖项：优秀奖作品　　作者：天津美术学院　何嘉莹　　编号：062

奖项：优秀奖作品　　作者：天津美术学院　李春静　　编号：064

黄锋卫.

奖项：优秀奖作品　　作者：天津美术学院　马晨　　编号：077

奖项：优秀奖作品　　作者：天津美术学院　张越成　　编号：052

奖项：优秀奖作品　　作者：同济大学　李木子　　编号：170

奖项：优秀奖作品　　作者：南开大学　杨贝贝　　编号：178

奖项：优秀奖作品　　作者：西安工程科技大学　卓芳丽　　编号：327

奖项：优秀奖作品　　作者：西安工程科技大学　李琨　　编号：329

奖项：优秀奖作品　　作者：西安工程科技大学　郑远明　　编号：1118

奖项：优秀奖作品　　作者：西安美术学院　闫搏洋　　编号：634

作于安康紫阳
〇八年四月

孔令华

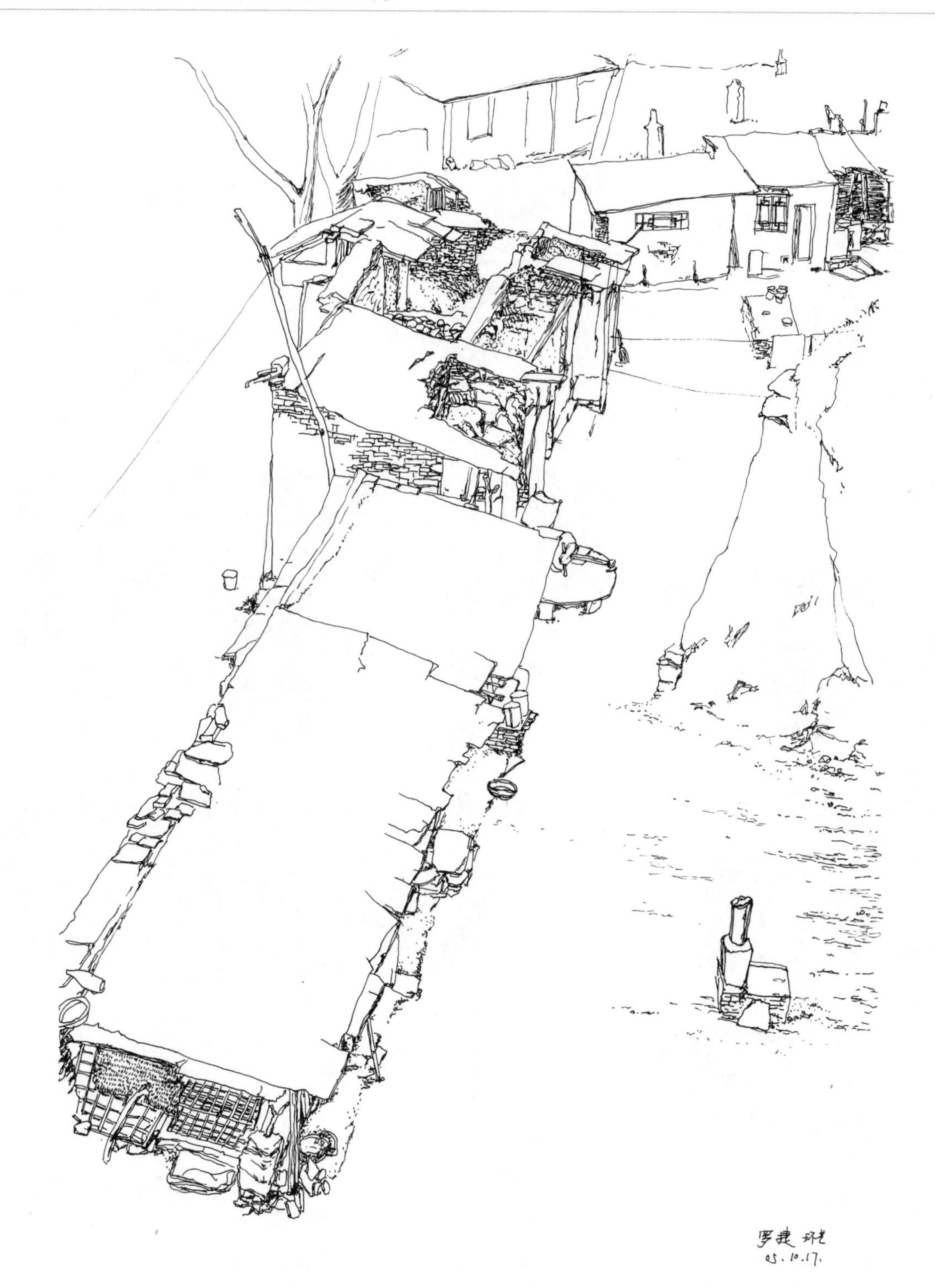
罗捷
05.10.17.

卫盟

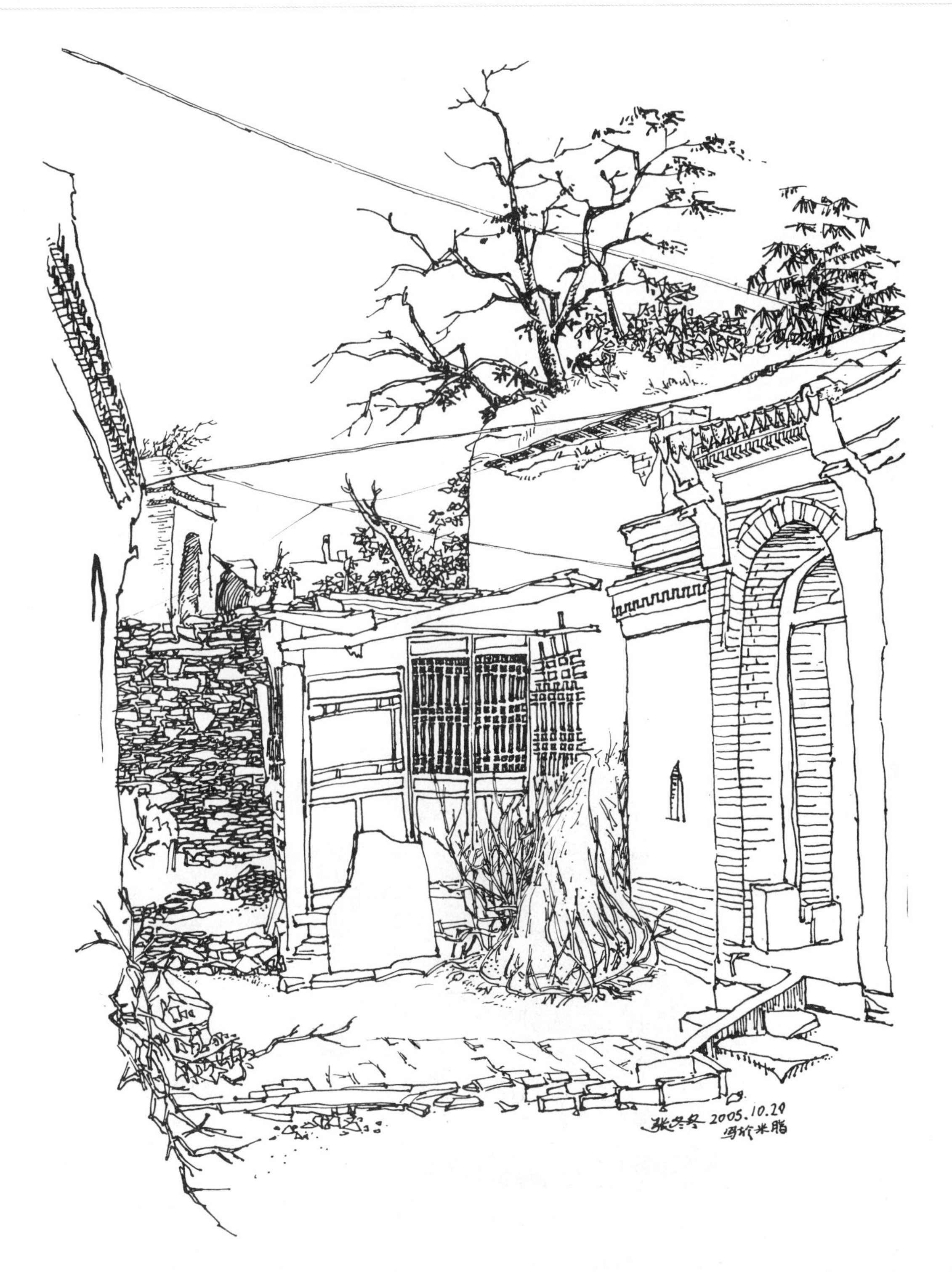
张冬冬 2005.10.29
写于米脂

奖项：优秀奖作品　作者：西安美术学院　张云龙　编号：603

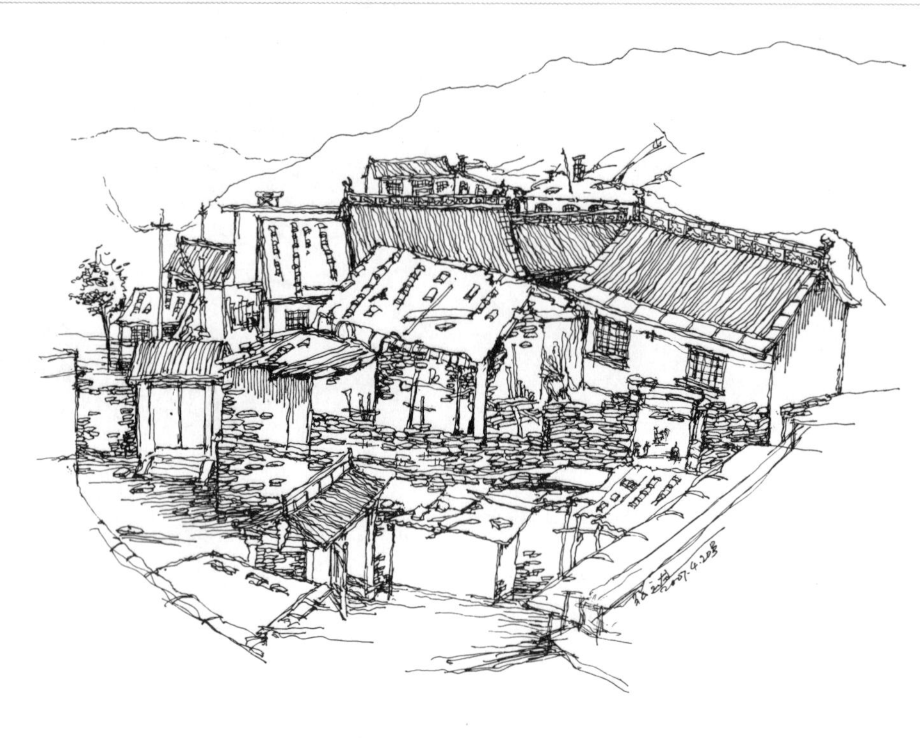

奖项：优秀奖作品　作者：西安美术学院　罗艳枚　编号：641

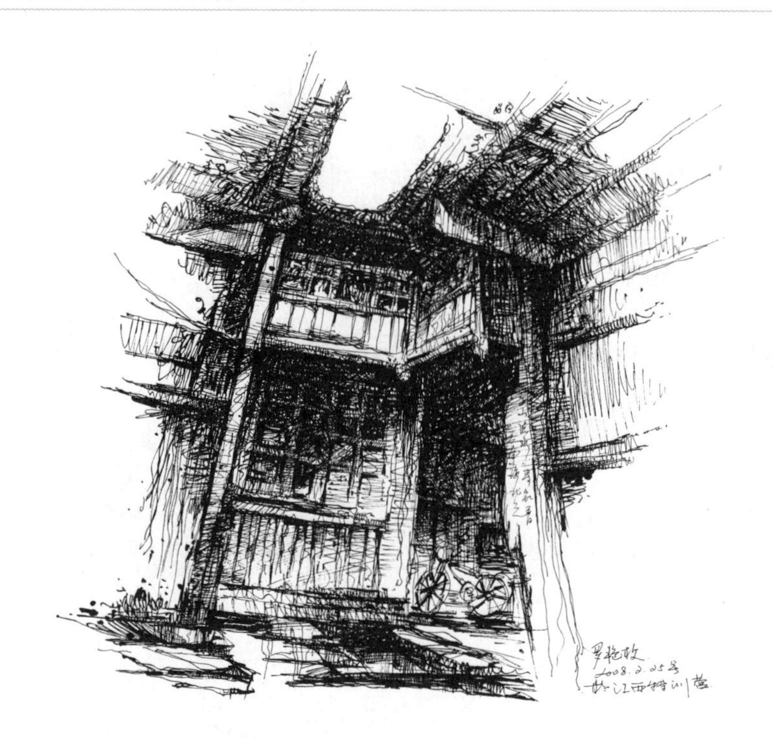

奖项：优秀奖作品　作者：西安石油大学　李月雷　编号：337

奖项：优秀奖作品　　作者：西安美术学院　韩静　　编号：602

奖项：优秀奖作品　　作者：西安美术学院　汪洋　　编号：607

奖项：优秀奖作品　　作者：西北农林科技大学　吕晴　　编号：264

奖项：优秀奖作品　　作者：西北农林科技大学　章有才　　编号：263

奖项：优秀奖作品　　作者：西北农林科技大学　李明洁　　编号：261

奖项：优秀奖作品　　作者：西北农林科技大学　张再娟　　编号：271

奖项：优秀奖作品　　作者：西北农林科技大学　方蓬擂　　编号：278

奖项：优秀奖作品　　作者：西安建筑科技大学　吴柳琦　　编号：460

奖项：优秀奖作品　　作者：西安建筑科技大学　高伟　　编号：474

奖项：优秀奖作品　　作者：西安建筑科技大学　王国荣　　编号：487

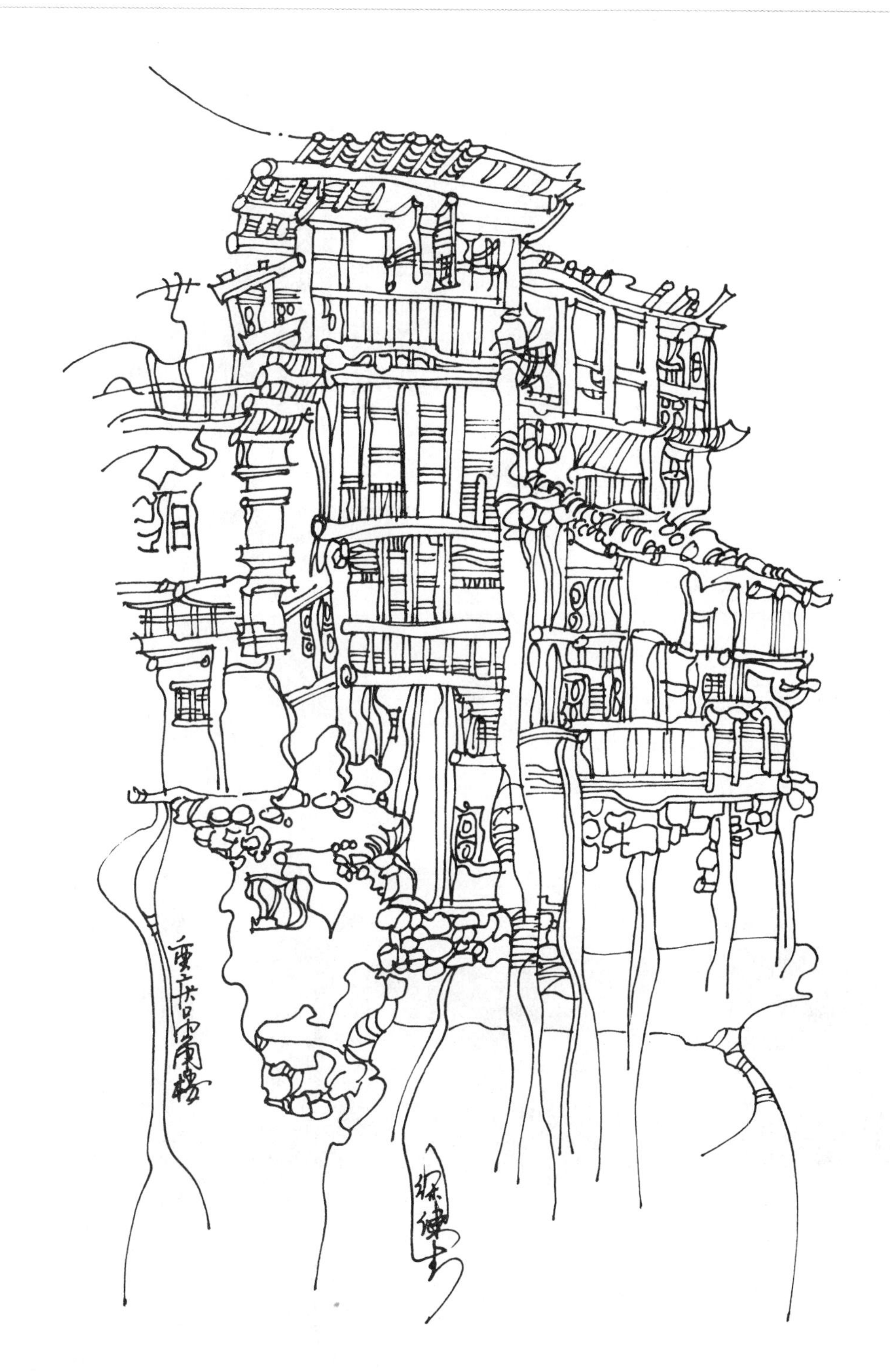
徐健生

奖项：优秀奖作品　　作者：西安建筑科技大学　阎飞　　编号：485

奖项：优秀奖作品　　作者：西安建筑科技大学　张良　　编号：457

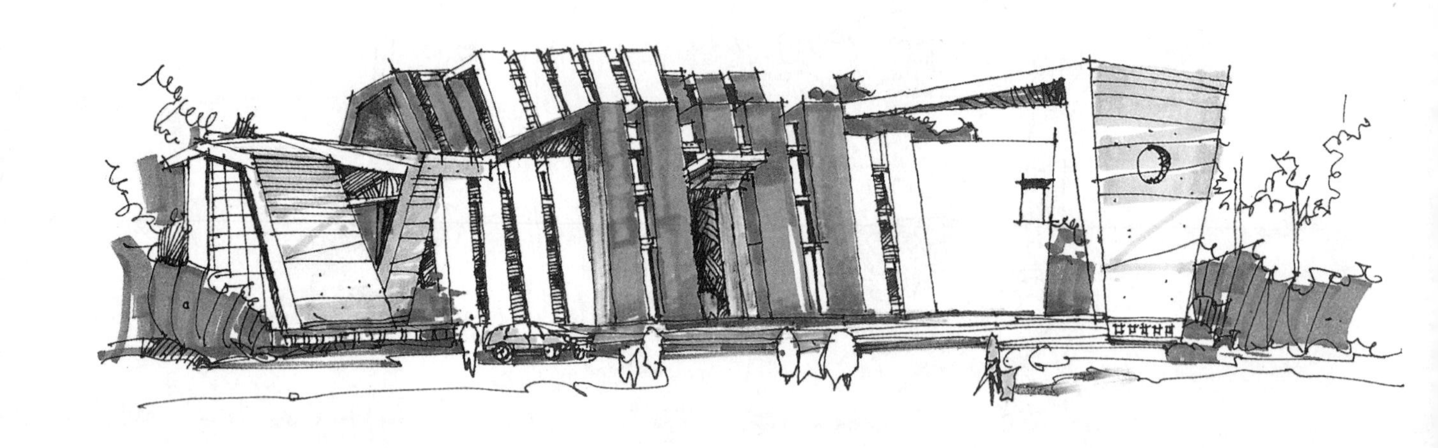

奖项：优秀奖作品　　作者：西安交通大学　罗尚丰　　编号：475

奖项：优秀奖作品　　作者：中国建筑西北设计院　魏婷　　编号：461

奖项：优秀奖作品　　作者：浙江理工大学　周子彤　　编号：247

奖项：优秀奖作品　　作者：中央美术学院　陈倩　　编号：189

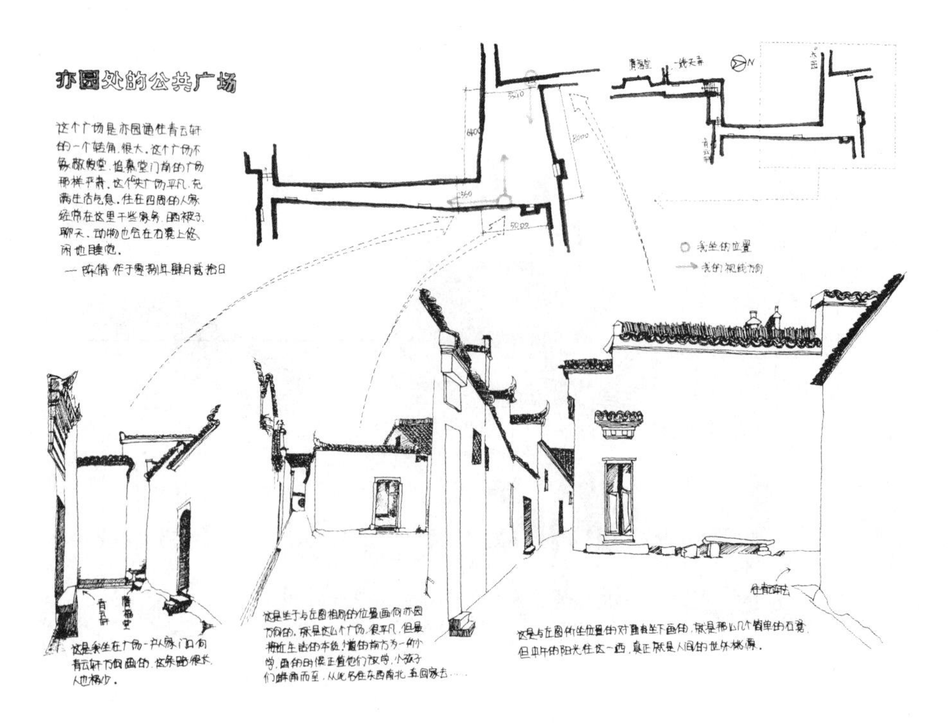

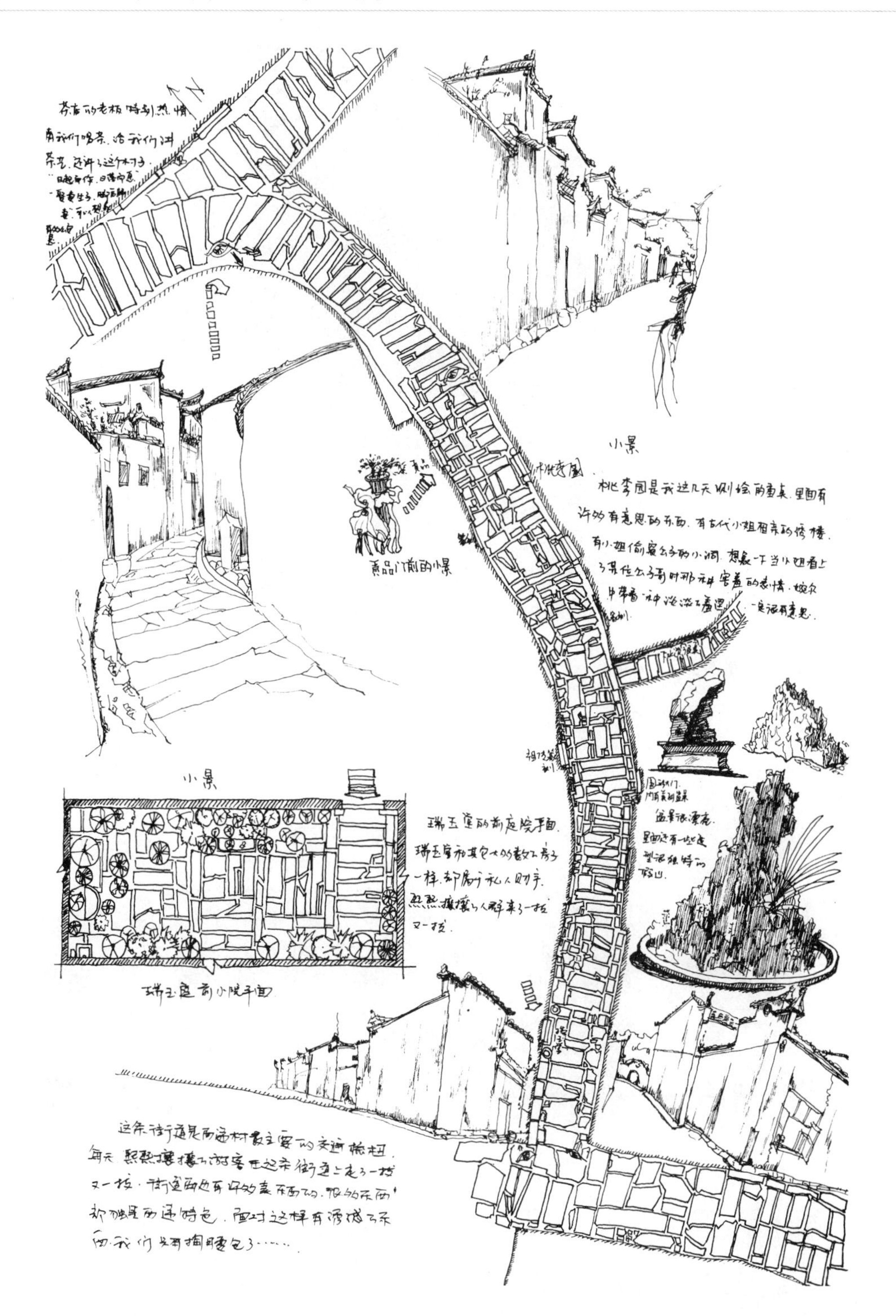
小景
桃李园是我这几天测绘的重点，里面有许多有意思的东西，有古代小姐相亲的绣楼，有小姐偷窥公子的小洞，想象一下当小姐看上了某位公子哥时那种害羞的表情，婉尔中带着一种淡淡的喜悦，一定很有意思。
商品门前的小景
小景
瑞玉庭的前庭院平面。
瑞玉庭和其它大多数的房子一样，都属于私人财产，熙熙攘攘的人群来了一拨又一拨。
瑞玉庭前小院平面
这条街道是西递村最主要的交通枢纽，每天熙熙攘攘的游客在这条街道上走了一拨又一拨，街道两边有许多卖东西的，很多东西都独具西递特色，面对这样有诱惑的东西我们只有掏腰包了……

奖项：优秀奖作品　　作者：中央美术学院　吕冰　　编号：196

奖项：优秀奖作品　　作者：中央美术学院　谌喜民　　编号：219

奖项：优秀奖作品　　作者：中央美术学院　董小璐　　编号：213

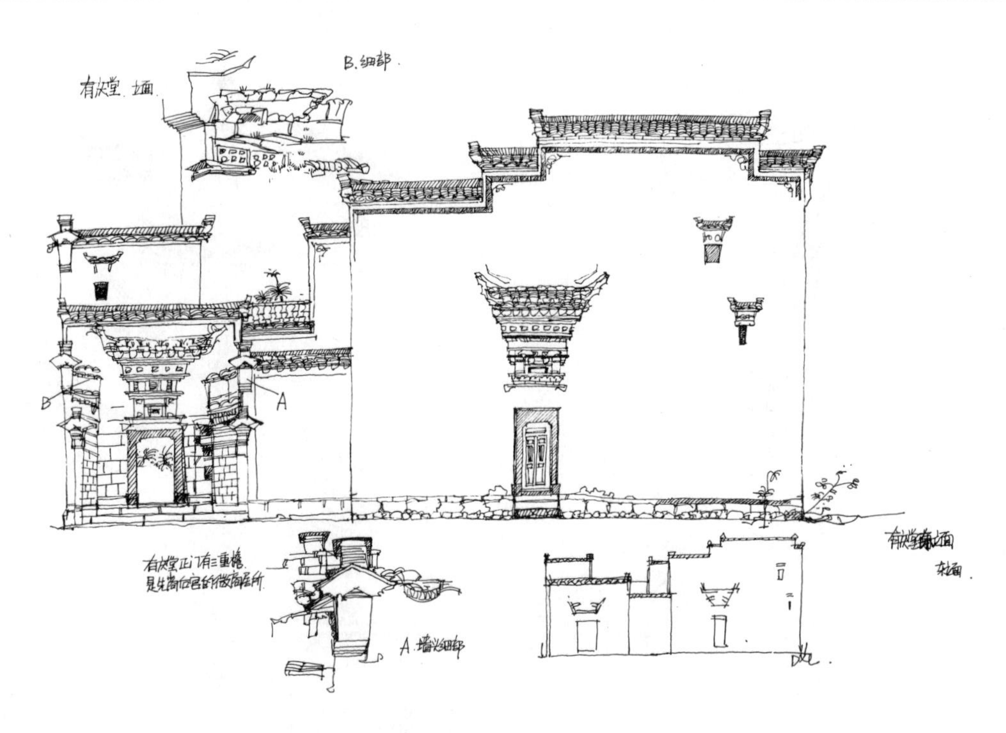

奖项：优秀奖作品　　作者：中央美术学院　胡娜　　编号：221

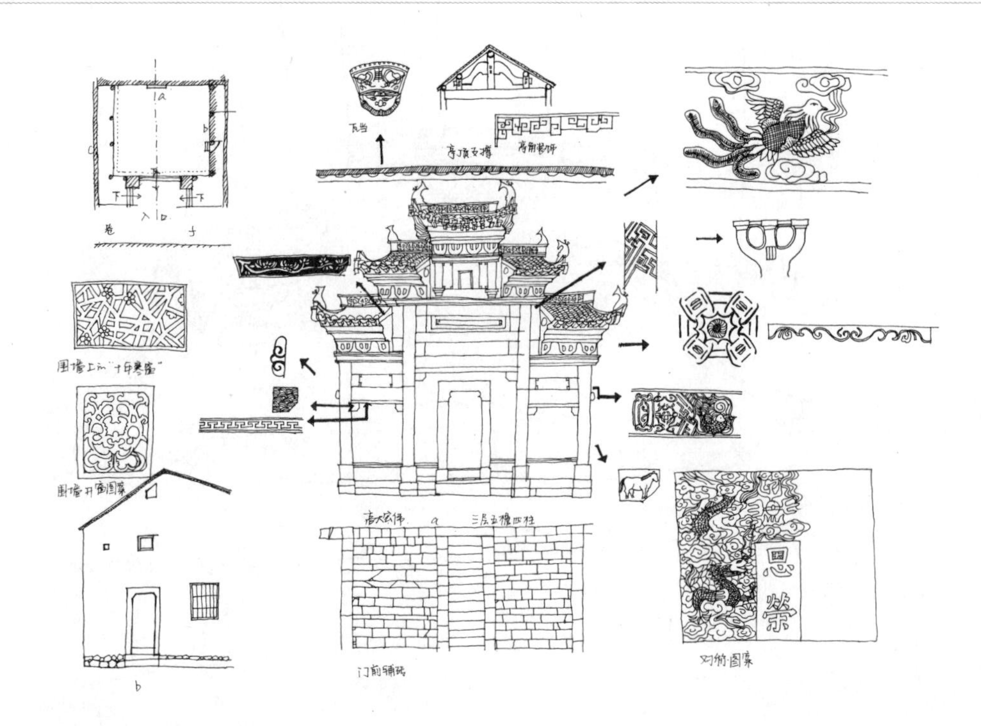

2006.4.23

奖项：优秀奖作品　　作者：中央美术学院　刘灿，谢海微，徐波　　编号：186

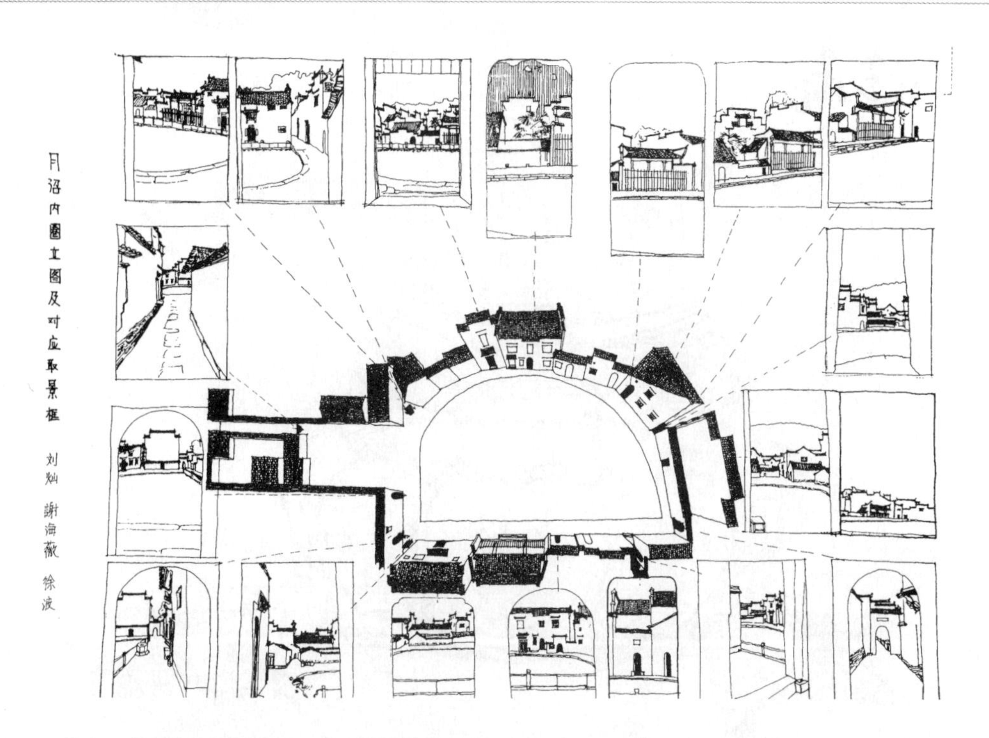

奖项：优秀奖作品　　作者：中央美术学院　孙毅　　编号：192

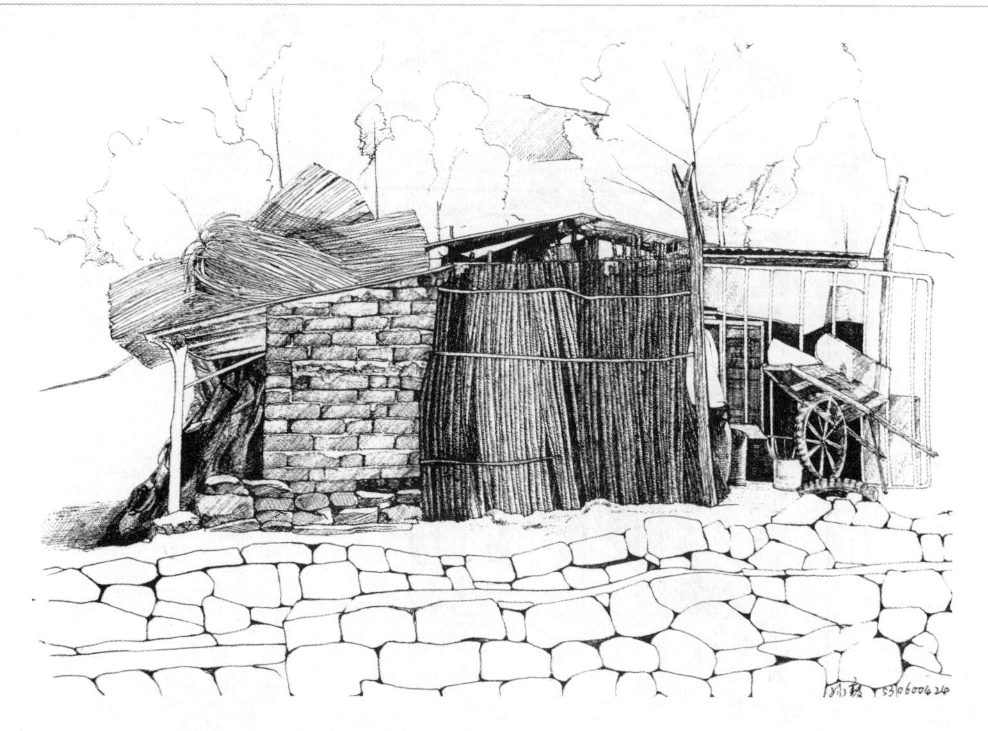

任亮

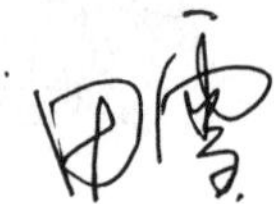
田雪

奖项：优秀奖作品　　作者：大连工业大学　周纯　　编号：1022

奖项：优秀奖作品　　作者：东北大学　高天阔　　编号：1030

奖项：优秀奖作品　作者：东北大学　杨旭　编号：1034

奖项：优秀奖作品　作者：东北大学　张娇　编号：1037

奖项：优秀奖作品　　作者：四川美术学院　孙峰　　编号：389

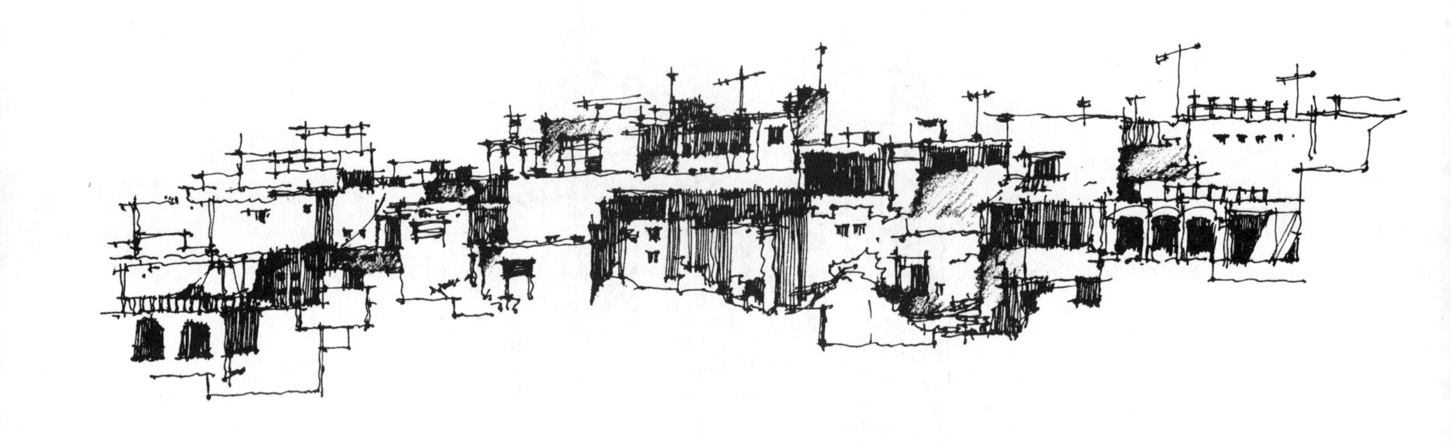

奖项：优秀奖作品　　作者：四川美术学院　李平　　编号：398

奖项：优秀奖作品　　作者：四川美术学院　王纾溪　　编号：392

奖项：优秀奖作品　　作者：四川美术学院　余玢萱　　编号：393

奖项：优秀奖作品　　作者：四川美术学院　姜岩嵩　　编号：400

李丽
04建筑班

奖项：优秀奖作品　　作者：四川美术学院　刘渝丹　　编号：420

奖项：优秀奖作品　　作者：四川美术学院　黄天兰　　编号：421

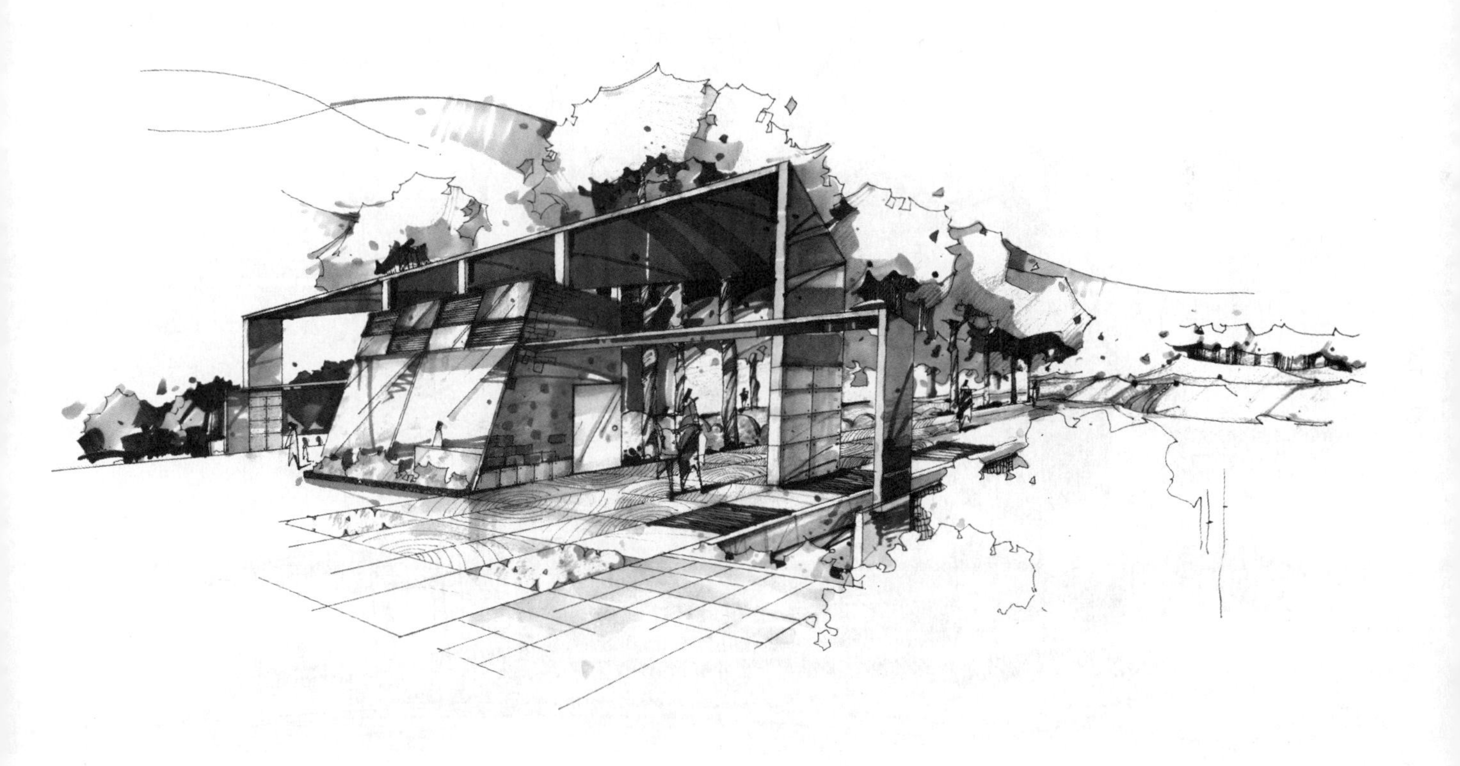

邹李慧
08.9.13

奖项：优秀奖作品　作者：四川美术学院　王雪　编号：425

二零零八年王辰朝写于湘西凤凰古镇

建筑与环境艺术速写

第五届全国高等美术院校建筑与环境艺术设计专业教学年会速写作品展

SKETCHES EXHIBITION OF THE 5TH SPECIAL FIELD TEACHING ANNUAL MEETING OF ARCHITECTURE AND ENVIRONMENT DESIGN DEPARTMENTS OF FINE ART SCHOOLS IN CHINA

优秀作品选登

SELECTED WARKS

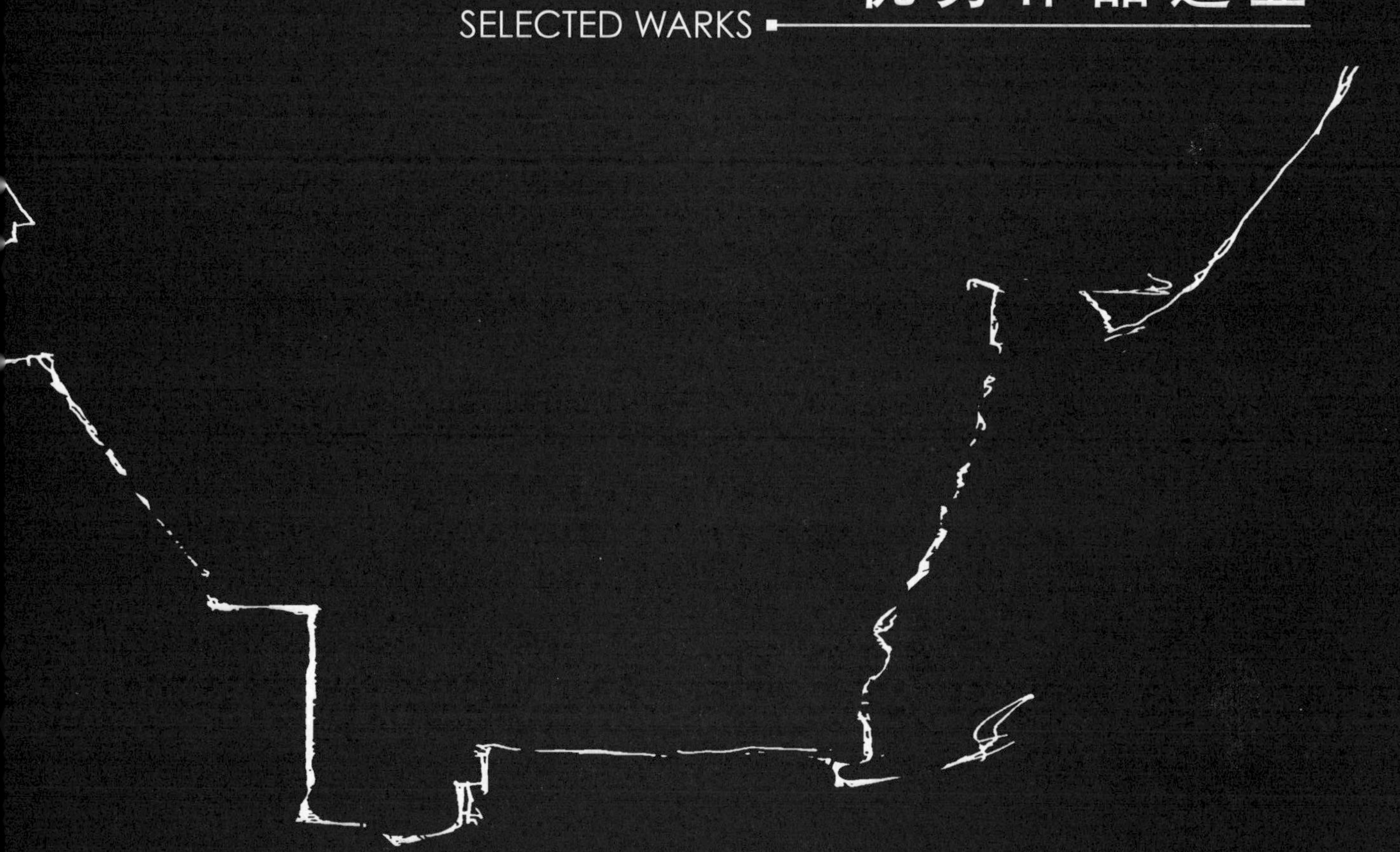

05.3.9. 广美. 张心

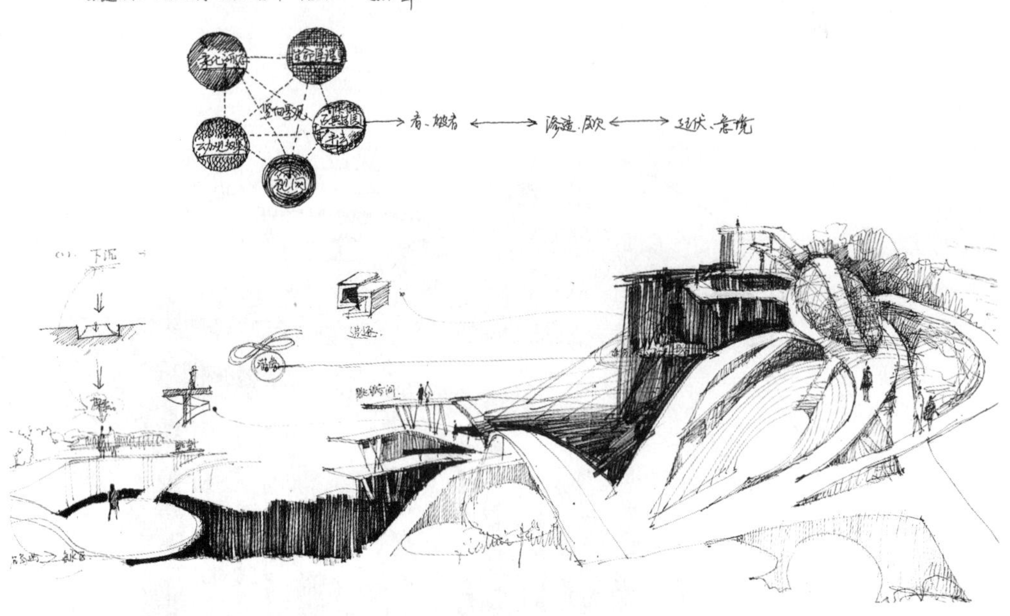

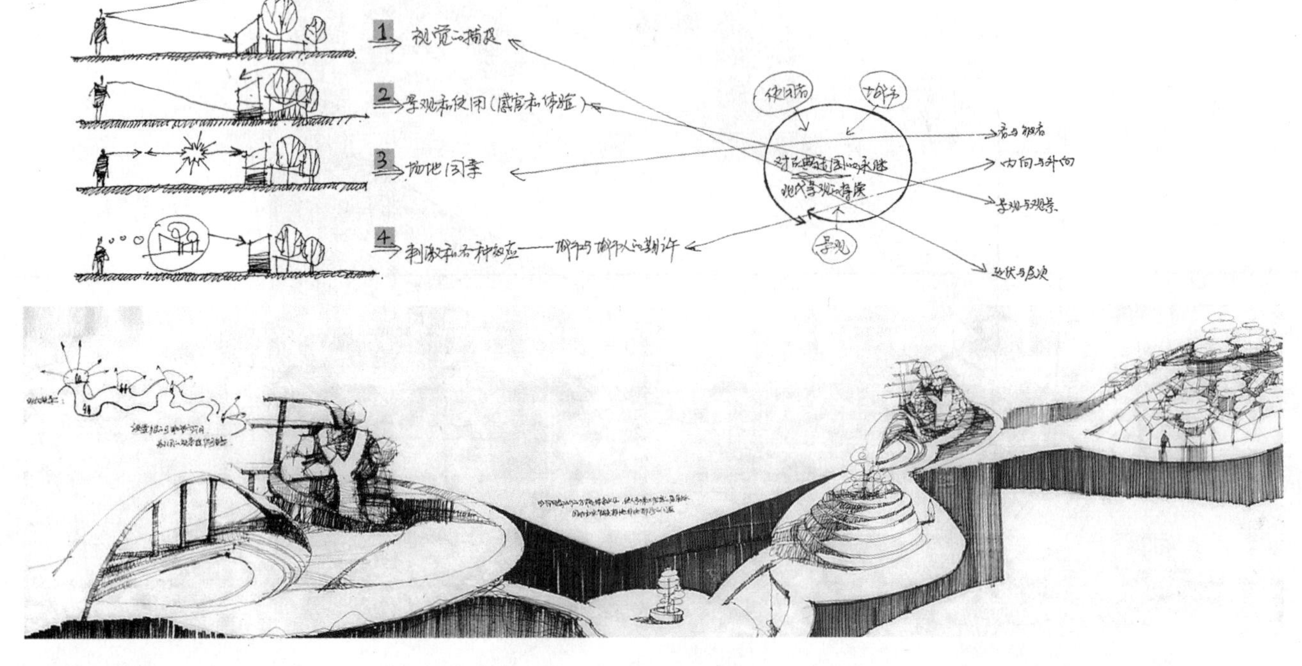

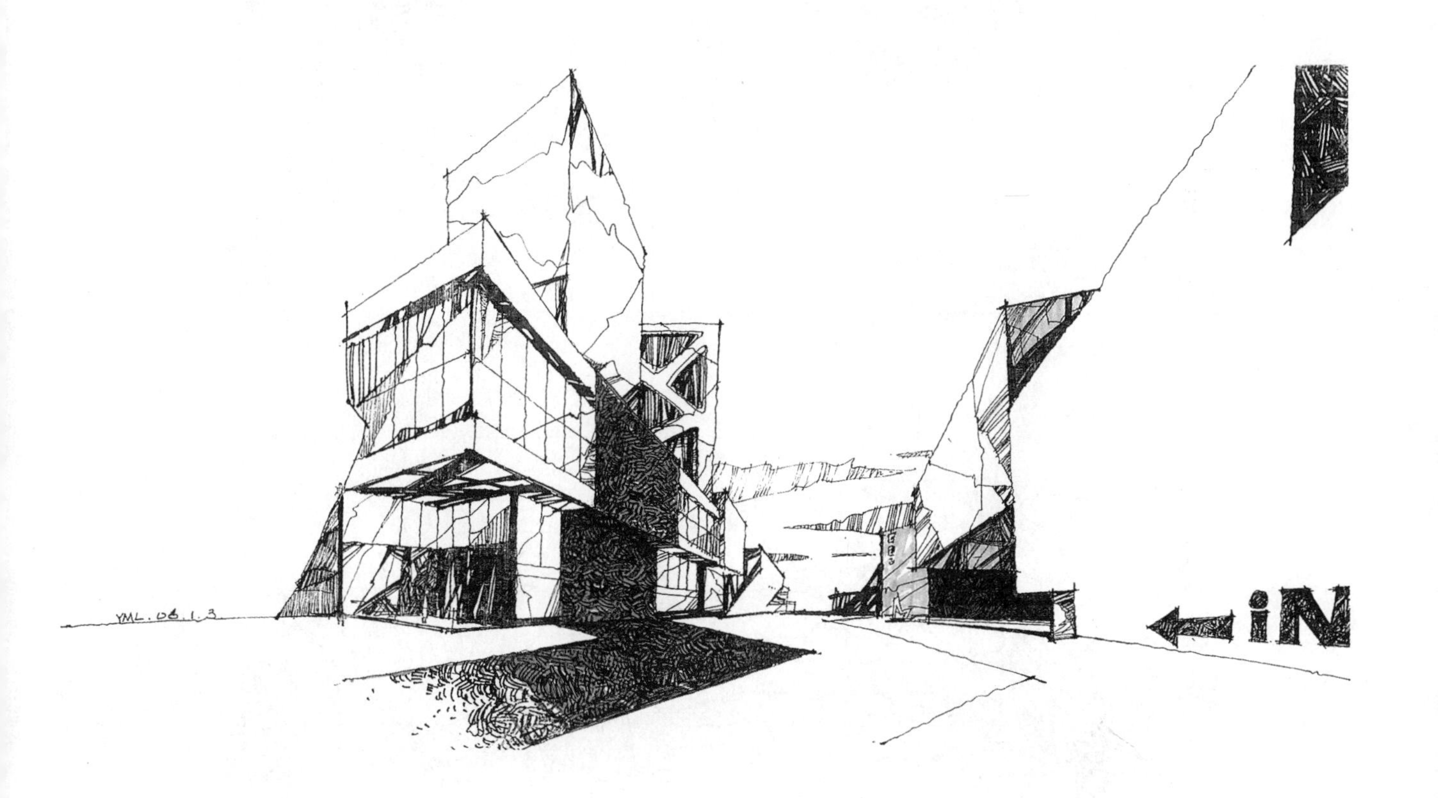
YML. 06. 1. 3
iN

优秀作品选登　　作者：潘汉分　　编号：734

优秀作品选登　　作者：潘汉分　　编号：740

沙面写生. K·L·Y

优秀作品选登　　作者：张心　　编号：738

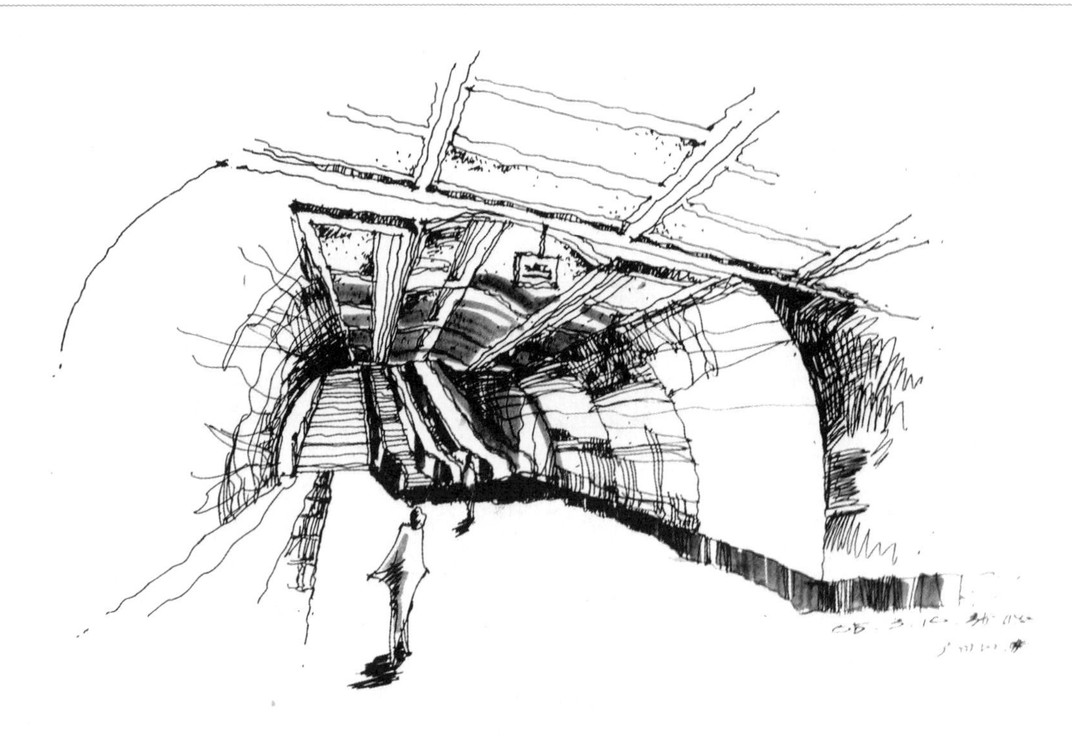

优秀作品选登　　作者：浙江理工大学　周子彤　　编号：250

优秀作品选登　作者：袁铭栏　编号：739

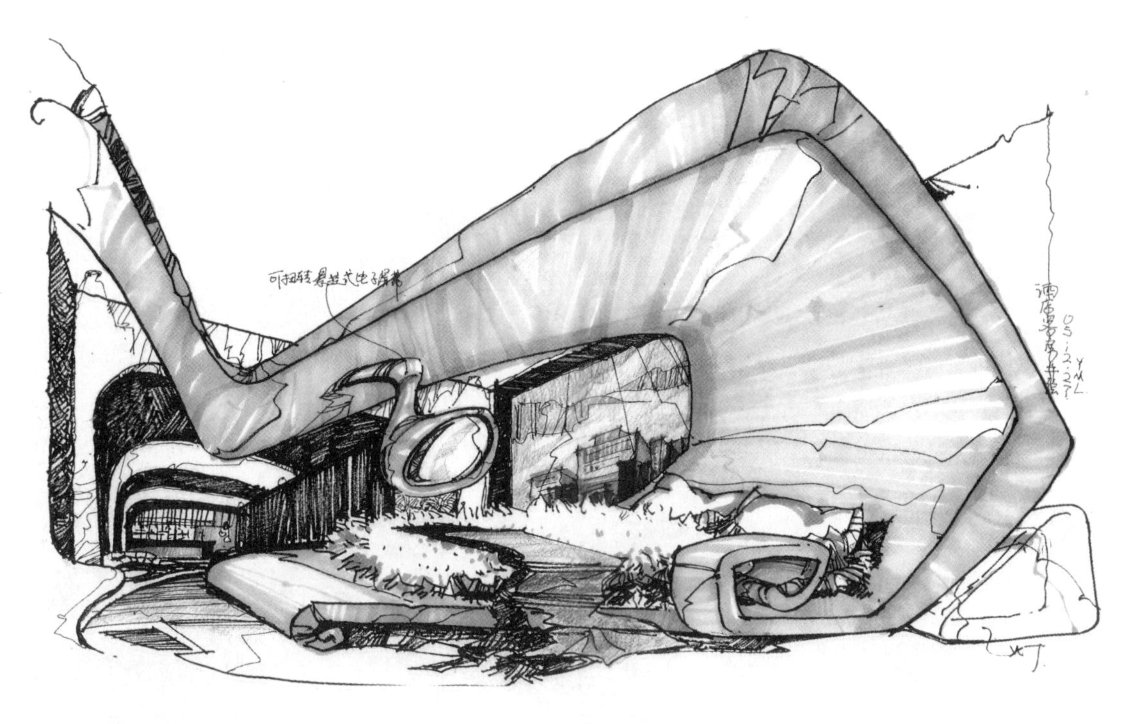

优秀作品选登　作者：袁铭栏　编号：705

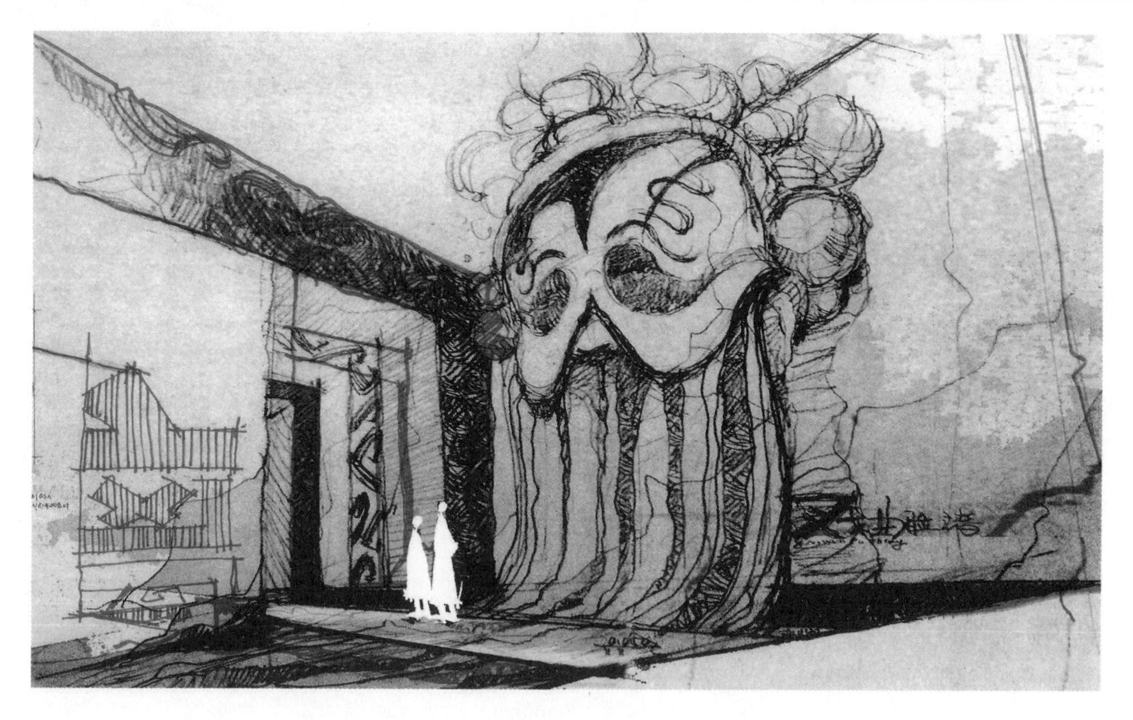

展示空间入口
以两条在空间中不同视觉度数出现的互相围合缠绕造型的连续延伸作为序厅入口
暗喻：时空交织

优秀作品选登　作者：郝培晨　编号：523

优秀作品选登　作者：吴尤　编号：533

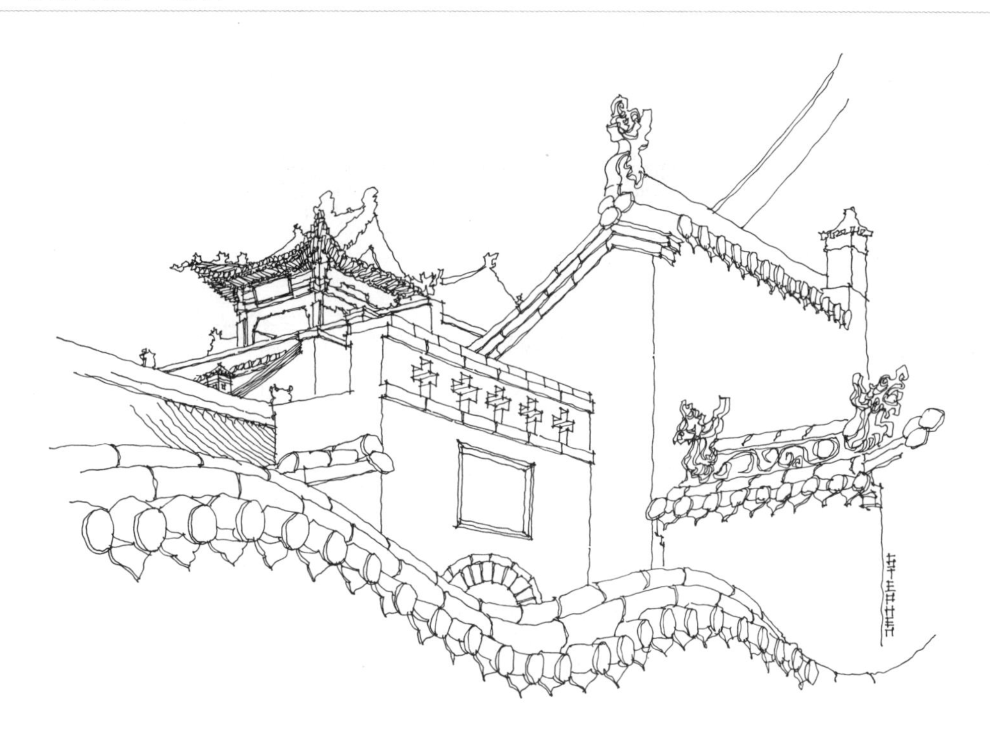

首都剧场大厦 Ⅰ

7.17. 刘铁

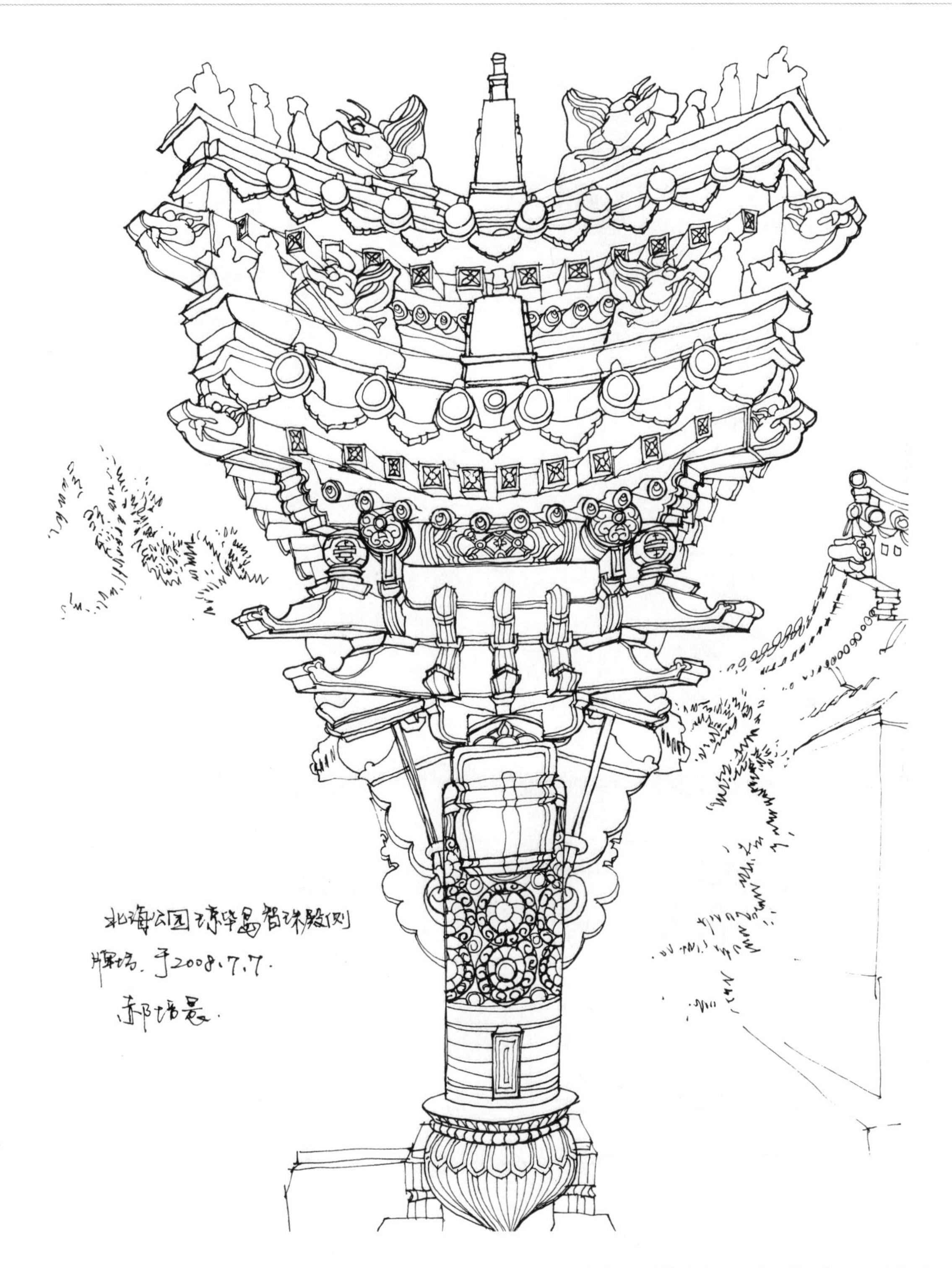
北海公园琼华岛智珠殿侧
牌坊.于2008.7.7.
郝培晨.

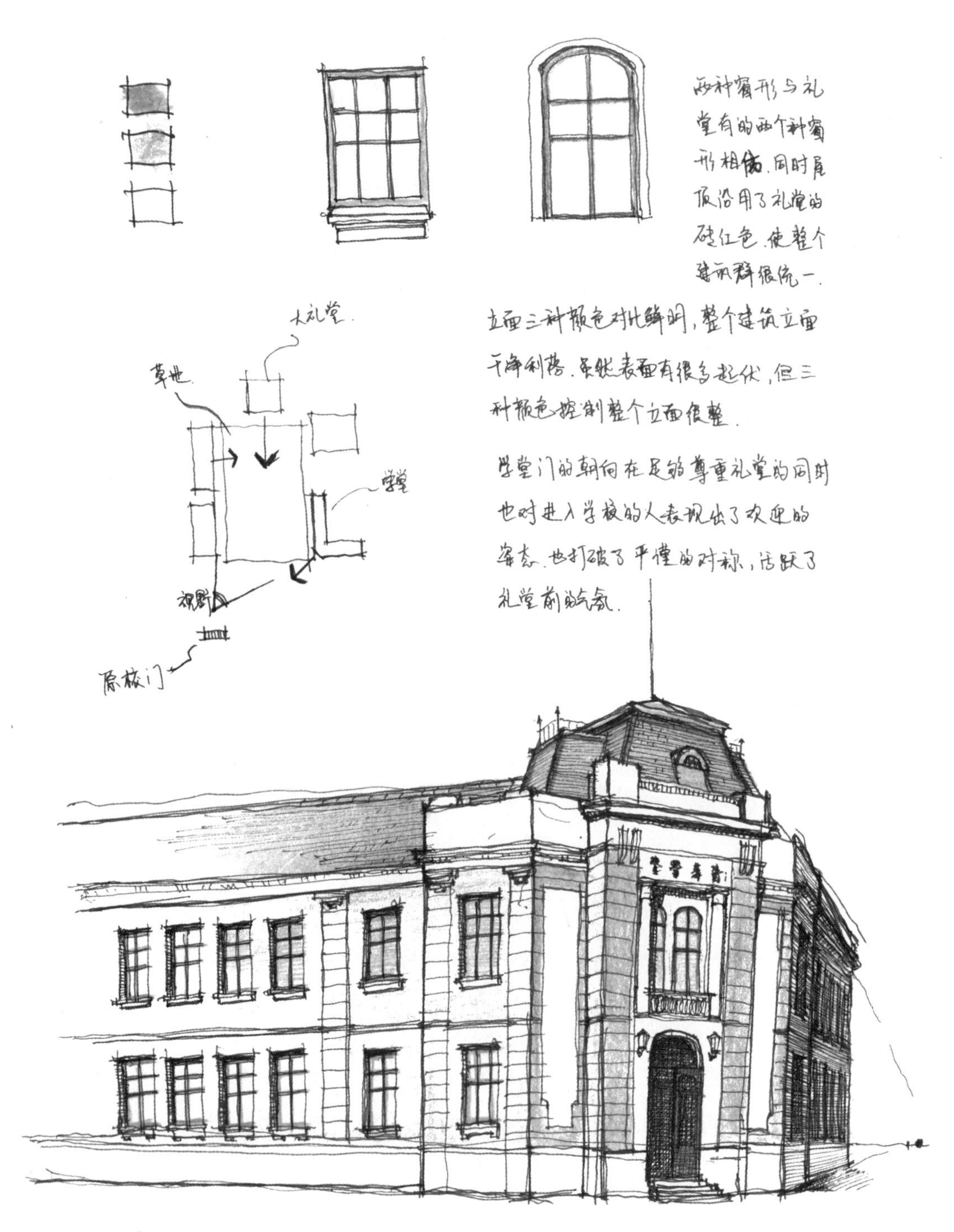
两种窗形与礼堂有的两个种窗形相仿，同时屋顶沿用了礼堂的砖红色，使整个建筑群很统一。
大礼堂
草地
学堂
视野
原校门
立面三种颜色对比鲜明，整个建筑立面干净利落，虽然表面有很多起伏，但三种颜色控制整个立面很整。
学堂门的朝向在足够尊重礼堂的同时也对进入学校的人表现出了欢迎的姿态，也打破了平淡的对称，活跃了礼堂前的气氛。
06景观 贾萌飞

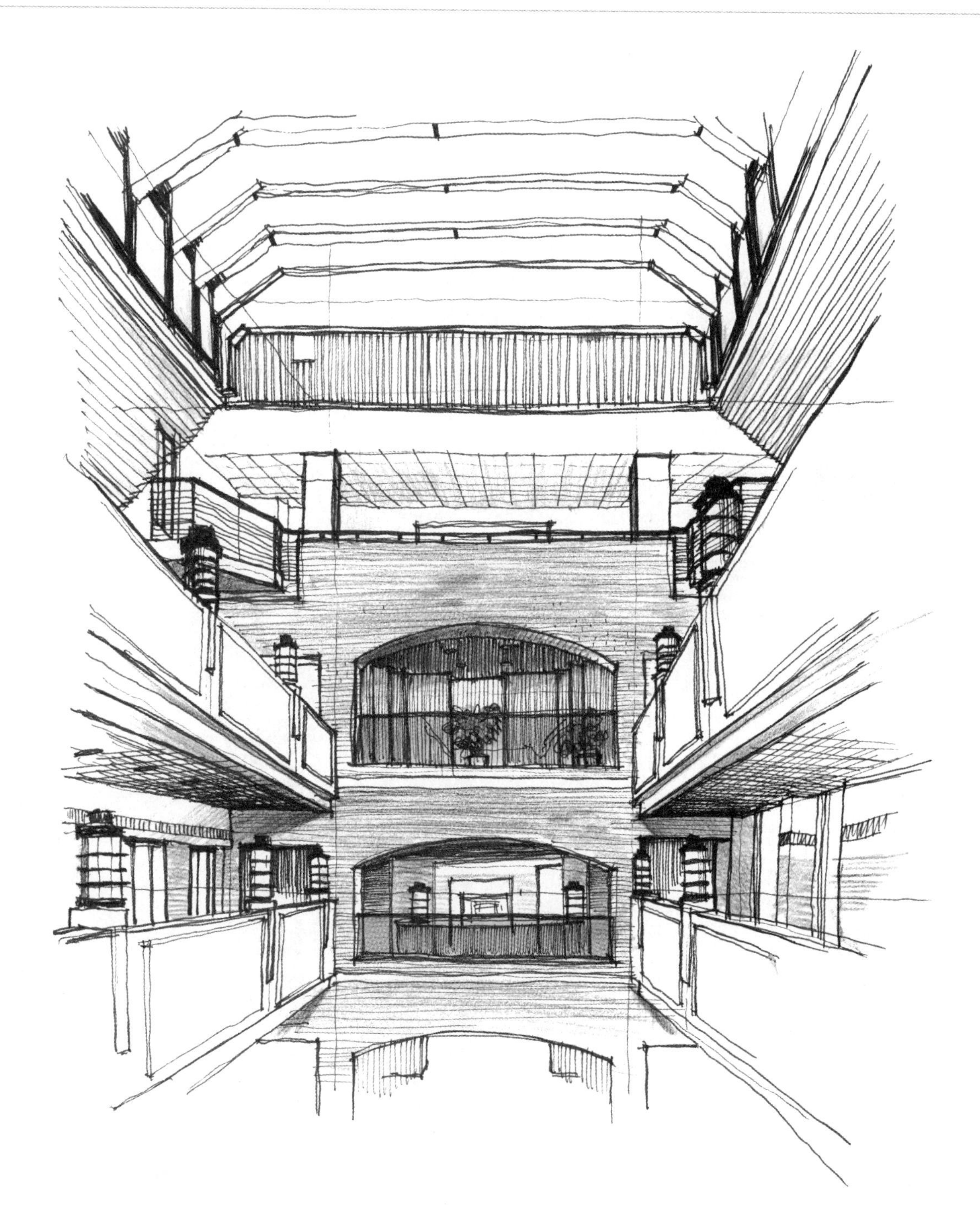

贾萌飞06景观

2008.7
宋婷[宣武门天主教堂]
2007012994

优秀作品选登　　作者：郝培晨　　编号：541

优秀作品选登　　作者：吴尤　　编号：565

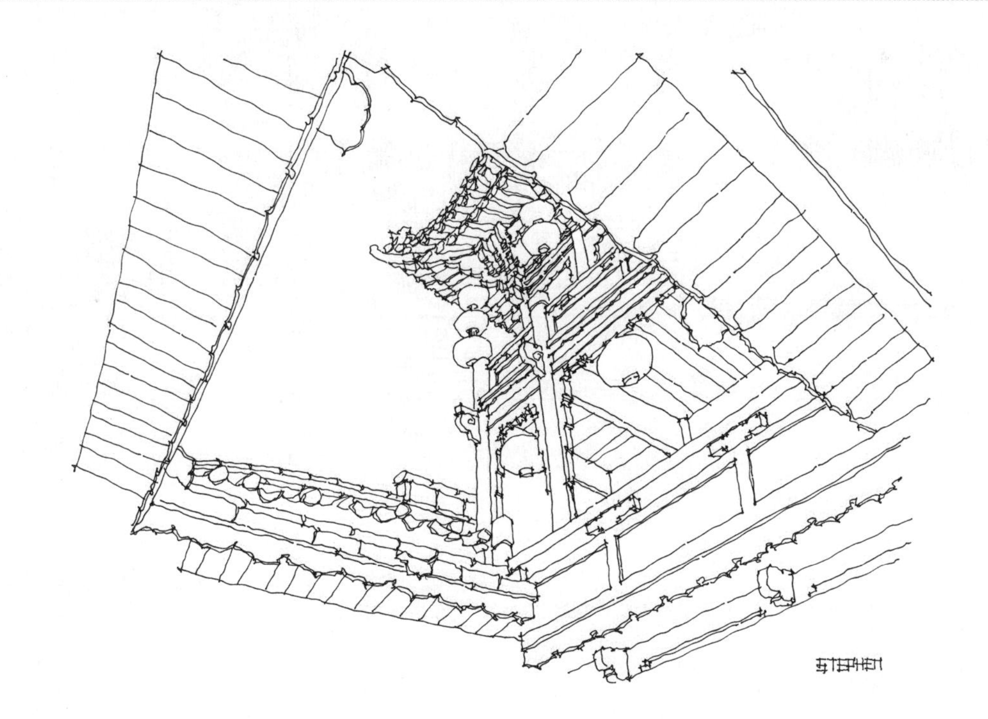

大礼堂 刘胜男

24

优秀作品选登　　作者：吴尤　　编号：527

优秀作品选登　　作者：吴尤　　编号：529

优秀作品选登　作者：吴尤　编号：563

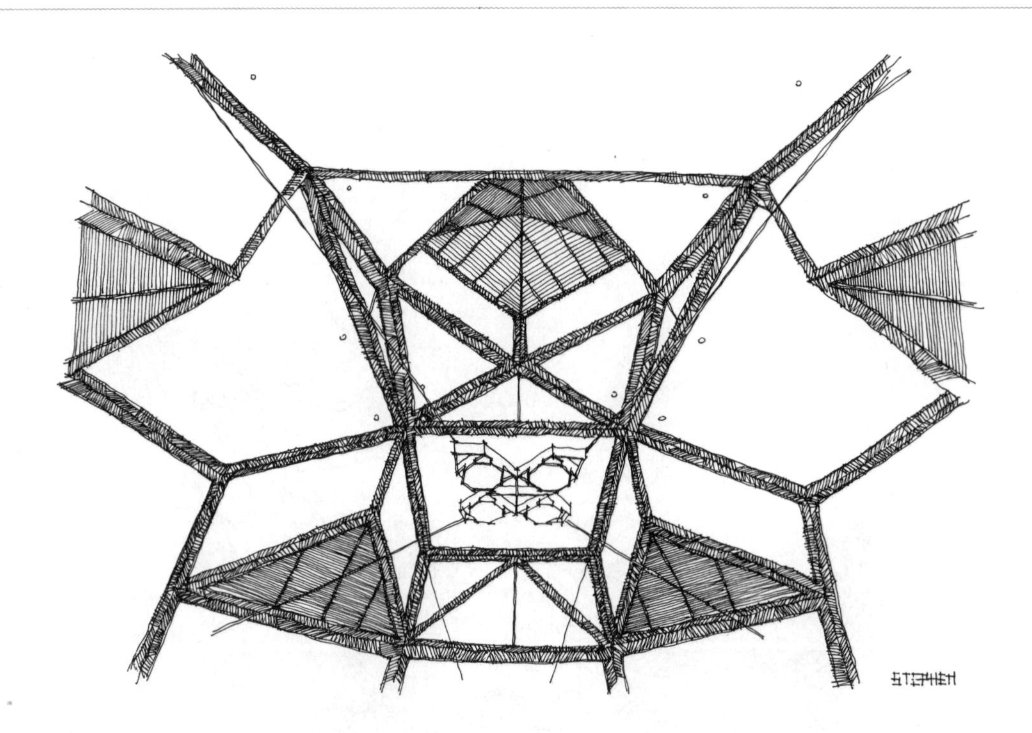

优秀作品选登　作者：许健坤　编号：119

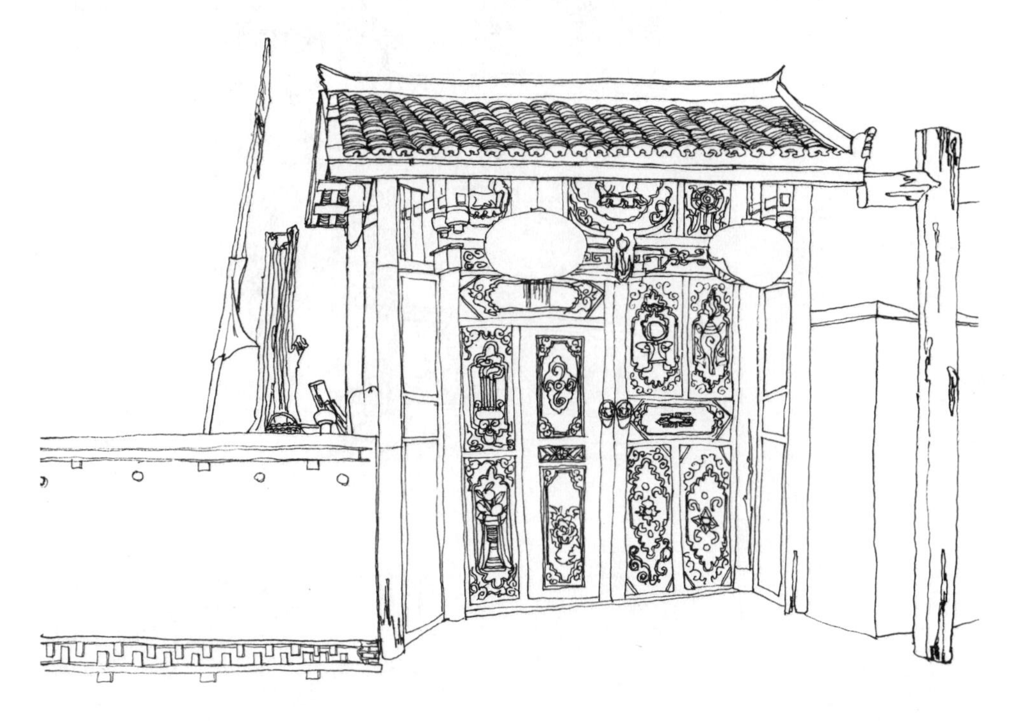

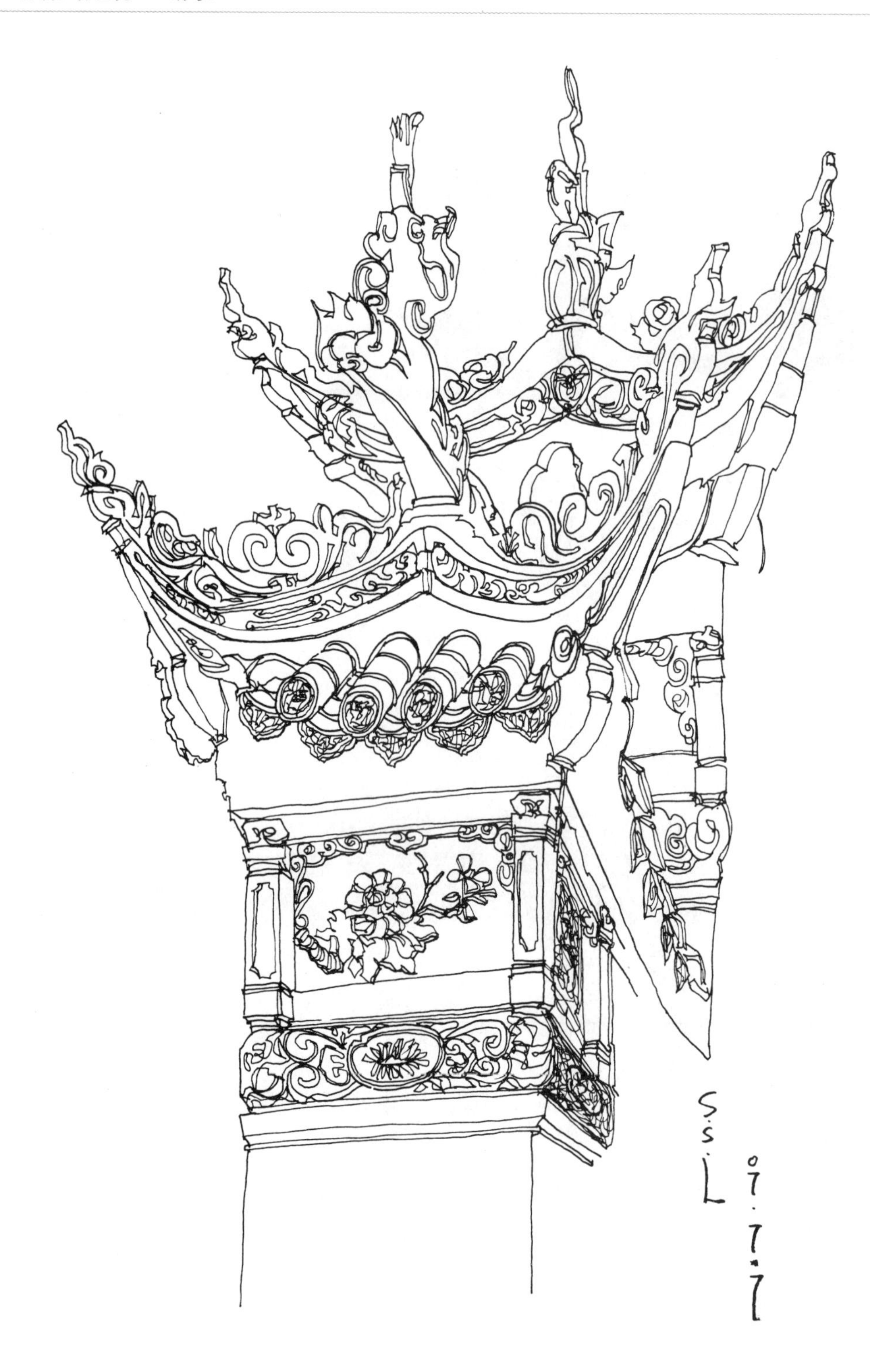
S.S.L
07.7.7

S.S.L
07.7.7

优秀作品选登　　作者：苏圣亮　　编号：124

优秀作品选登　　作者：苏圣亮　　编号：126

优秀作品选登　作者：苏圣亮　编号：133

优秀作品选登　作者：苏圣亮　编号：129

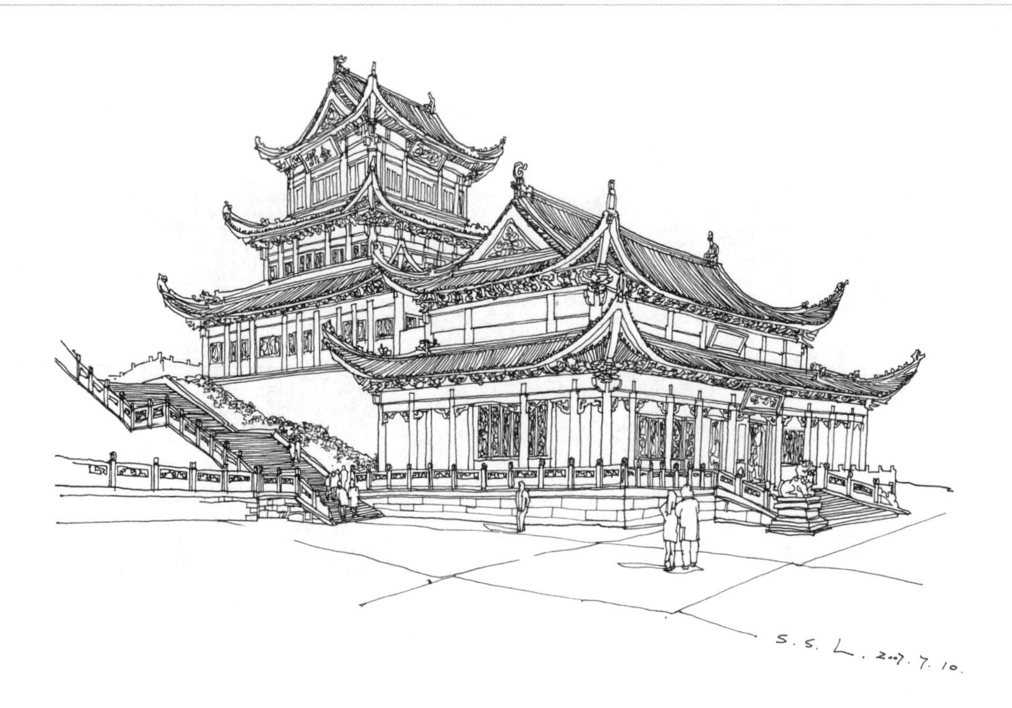

优秀作品选登　　作者：布艳婉　　编号：433

优秀作品选登　　作者：陈斯琦　　编号：434

优秀作品选登　作者：陈斯琦　编号：435

优秀作品选登　作者：陈斯琦　编号：444

优秀作品选登　　作者：刘锡辉　　编号：438

优秀作品选登　　作者：卓芳丽　　编号：330

李琨
2008.8.21
四班八组

优秀作品选登　　作者：李琨　　编号：300

优秀作品选登　　作者：李琨　　编号：314

优秀作品选登　　作者：李琨　　编号：326

优秀作品选登　　作者：同济大学　李木子　　编号：173

李琨
2008.8.12

2008.8.17.

优秀作品选登　作者：郑远明　编号：297

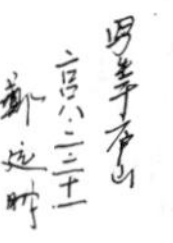

优秀作品选登　作者：郑远明　编号：299

优秀作品选登　　作者：韩静　　编号：606

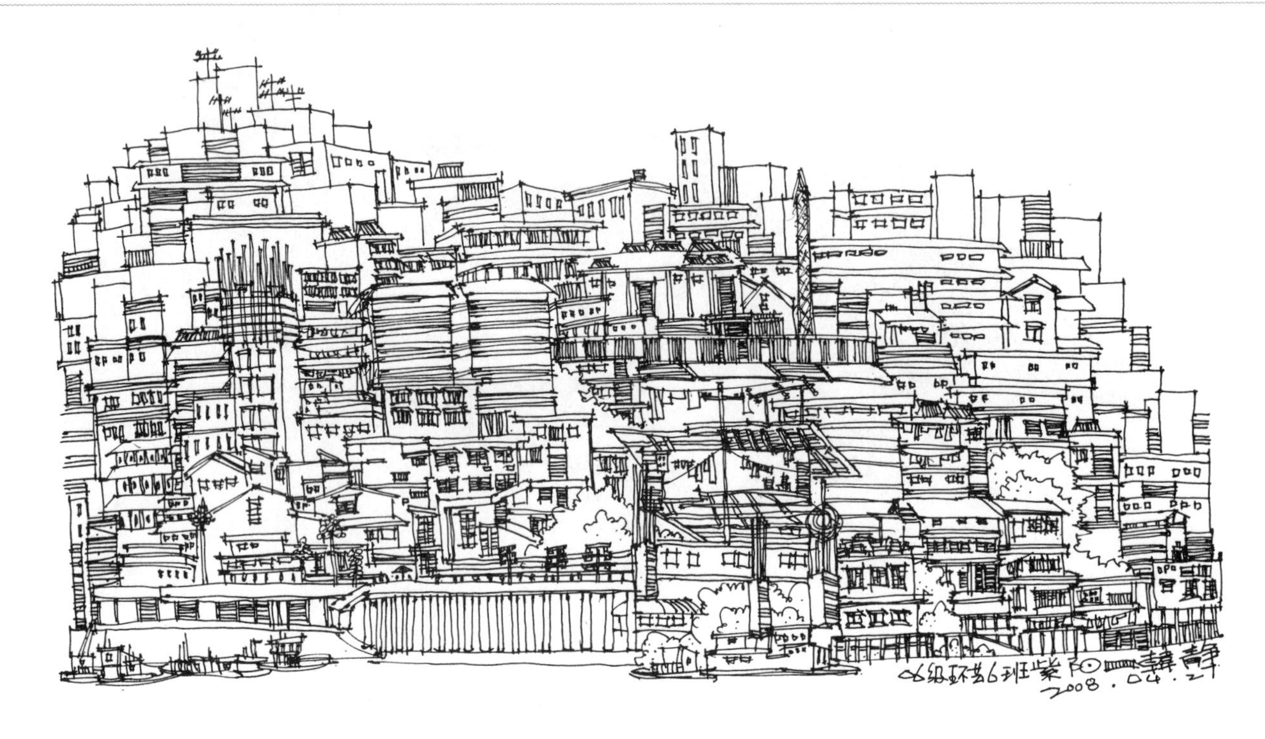

优秀作品选登　　作者：韩静　　编号：601

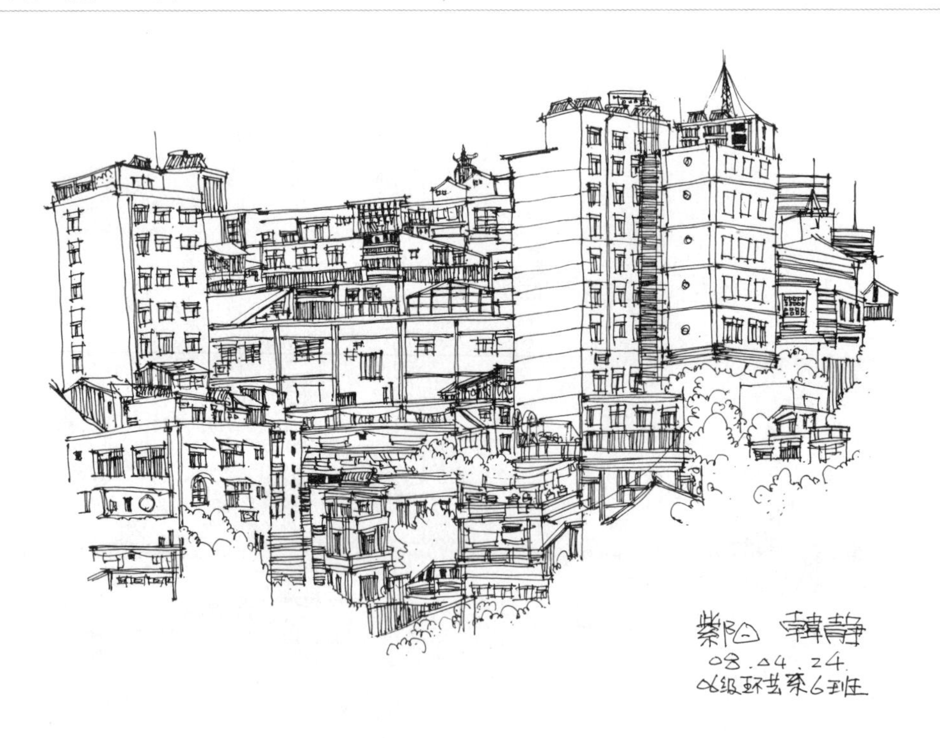

张冬冬 2005.10.26 于米脂

优秀作品选登　作者：张冬冬　编号：633

优秀作品选登　作者：周纯　编号：1023

优秀作品选登　作者：车潞　编号：226

优秀作品选登　作者：吴璠　编号：227

2008.9.
岭南客家 · 徐健生

高偉

优秀作品选登　作者：阎飞　编号：473

优秀作品选登　作者：张良　编号：484

优秀作品选登　　作者：王兴博　　编号：143

优秀作品选登　　作者：李丽丽　　编号：161

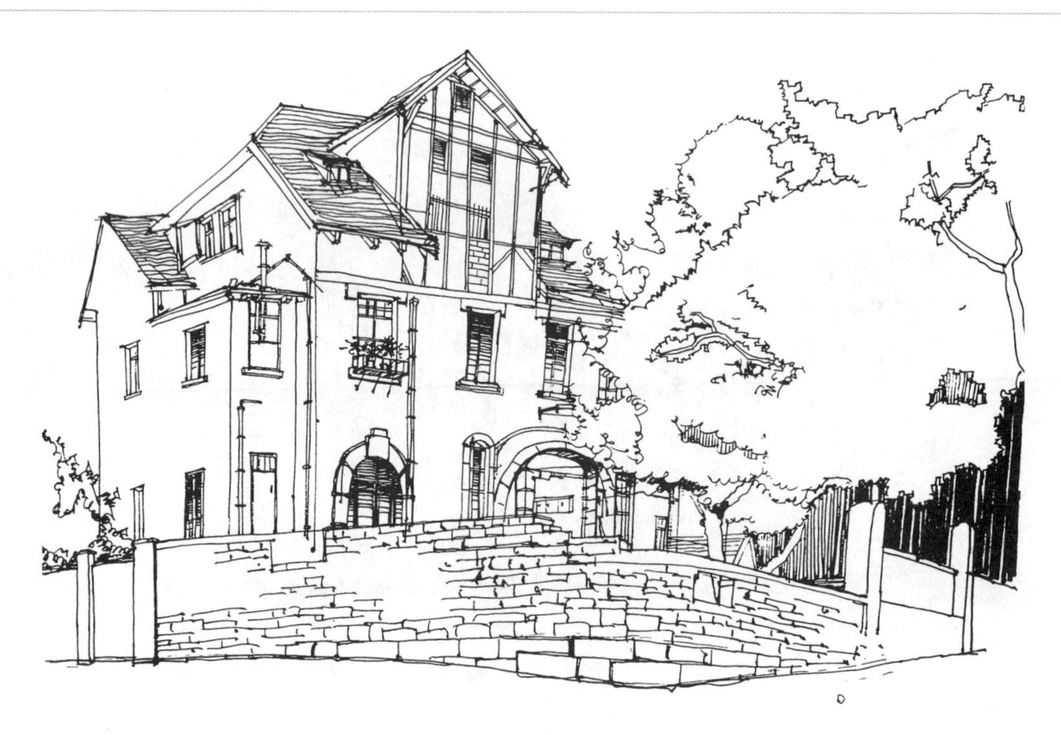

JZ.XU·TAO

优秀作品选登　　作者：王兴博　　编号：140

优秀作品选登　　作者：刘洋　　编号：086

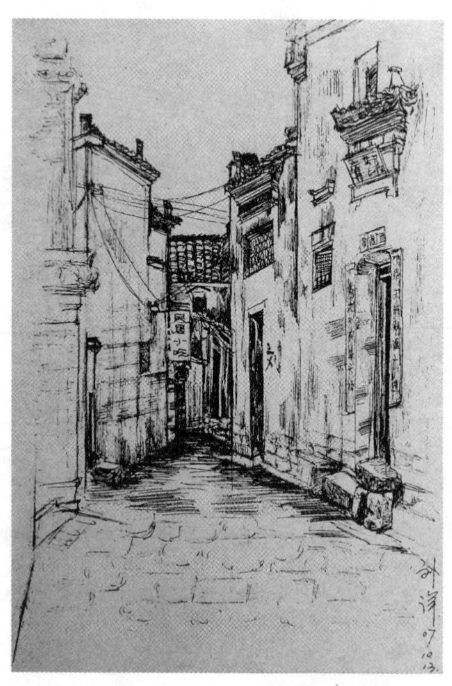

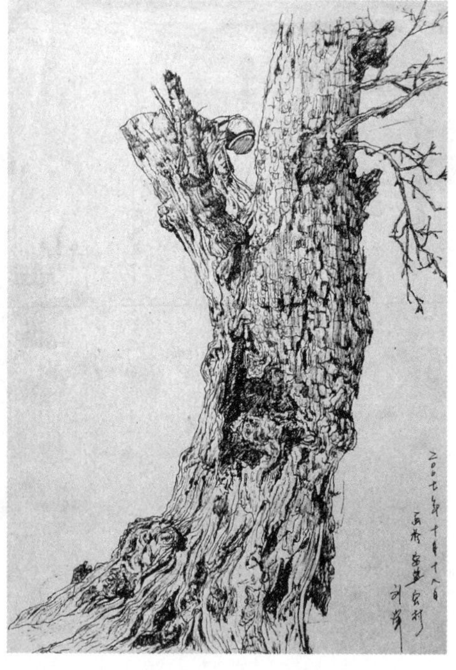

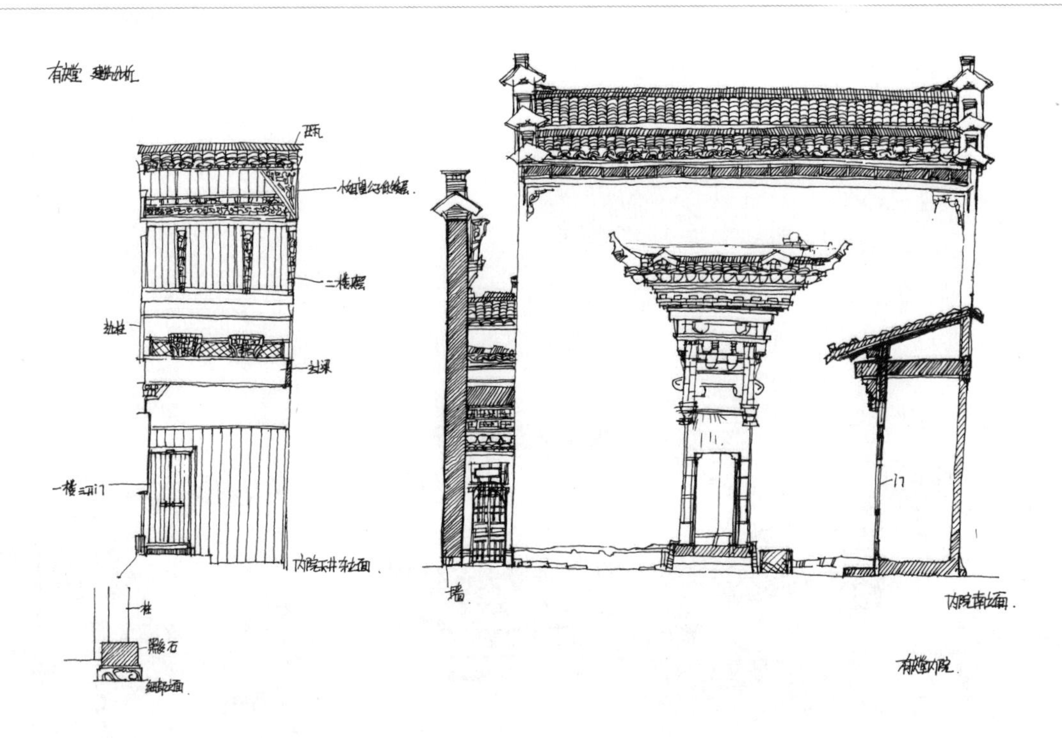
柱
墙
门
内院南立面

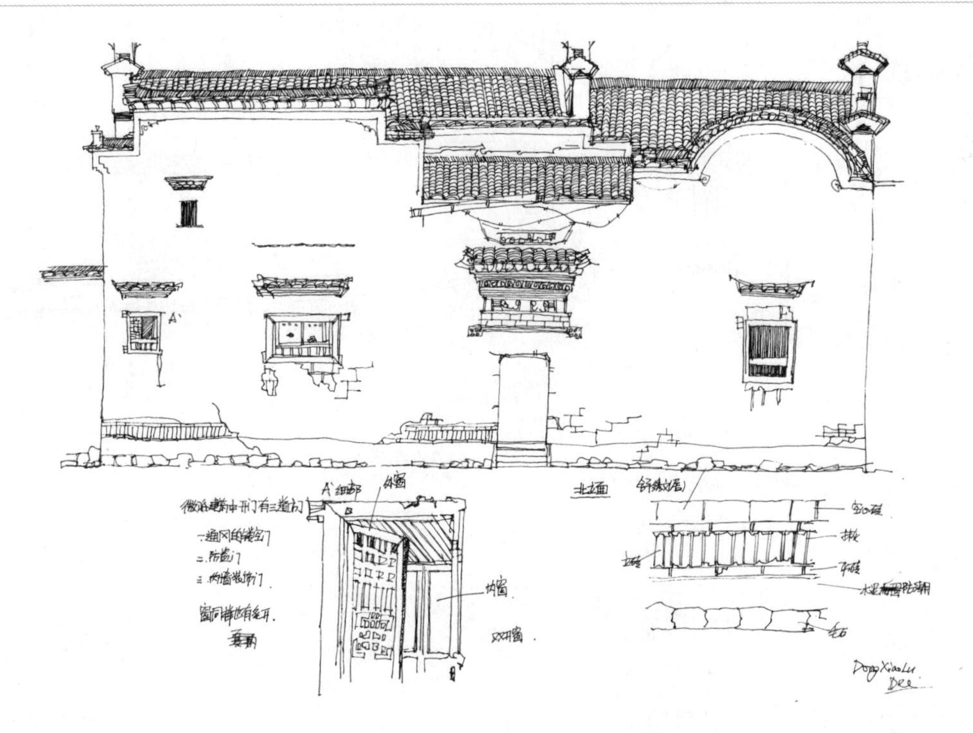
北立面

棋轩遥见北村灯
DXL
DongXiaoLu

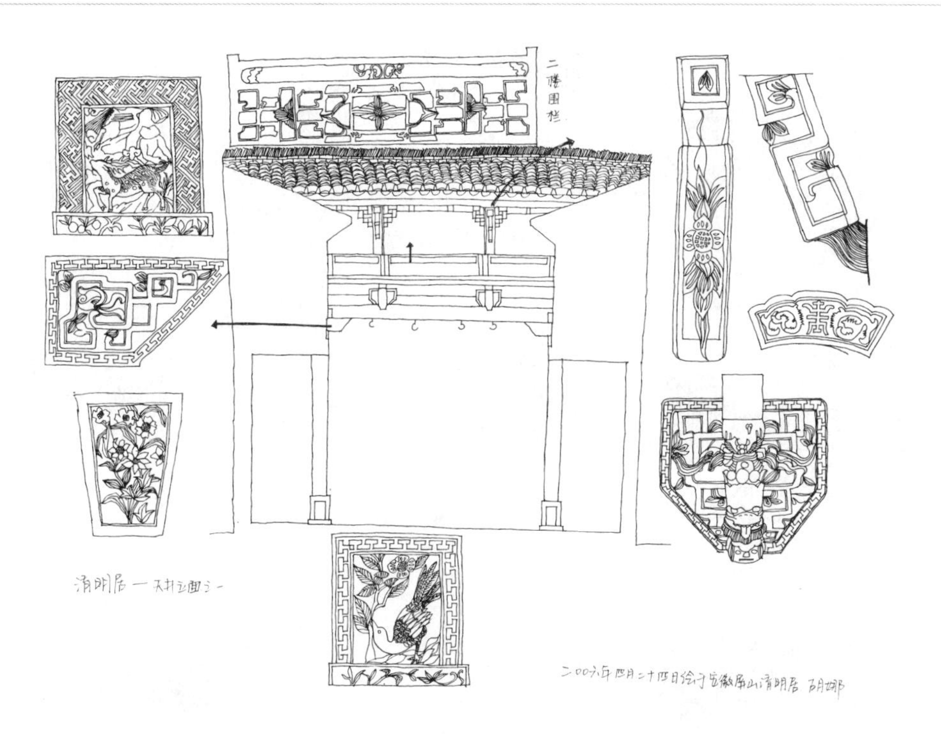
二楼围栏
清明居—天井立面之一
二00六年四月二十四日绘于安徽屏山清明居 胡娜

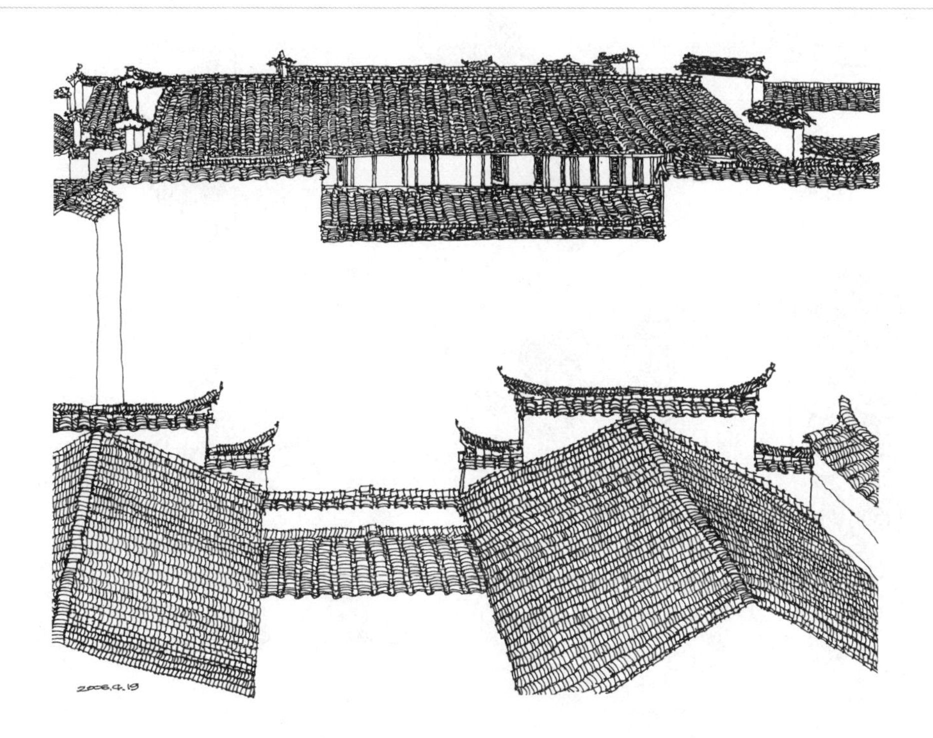
2006.4.18

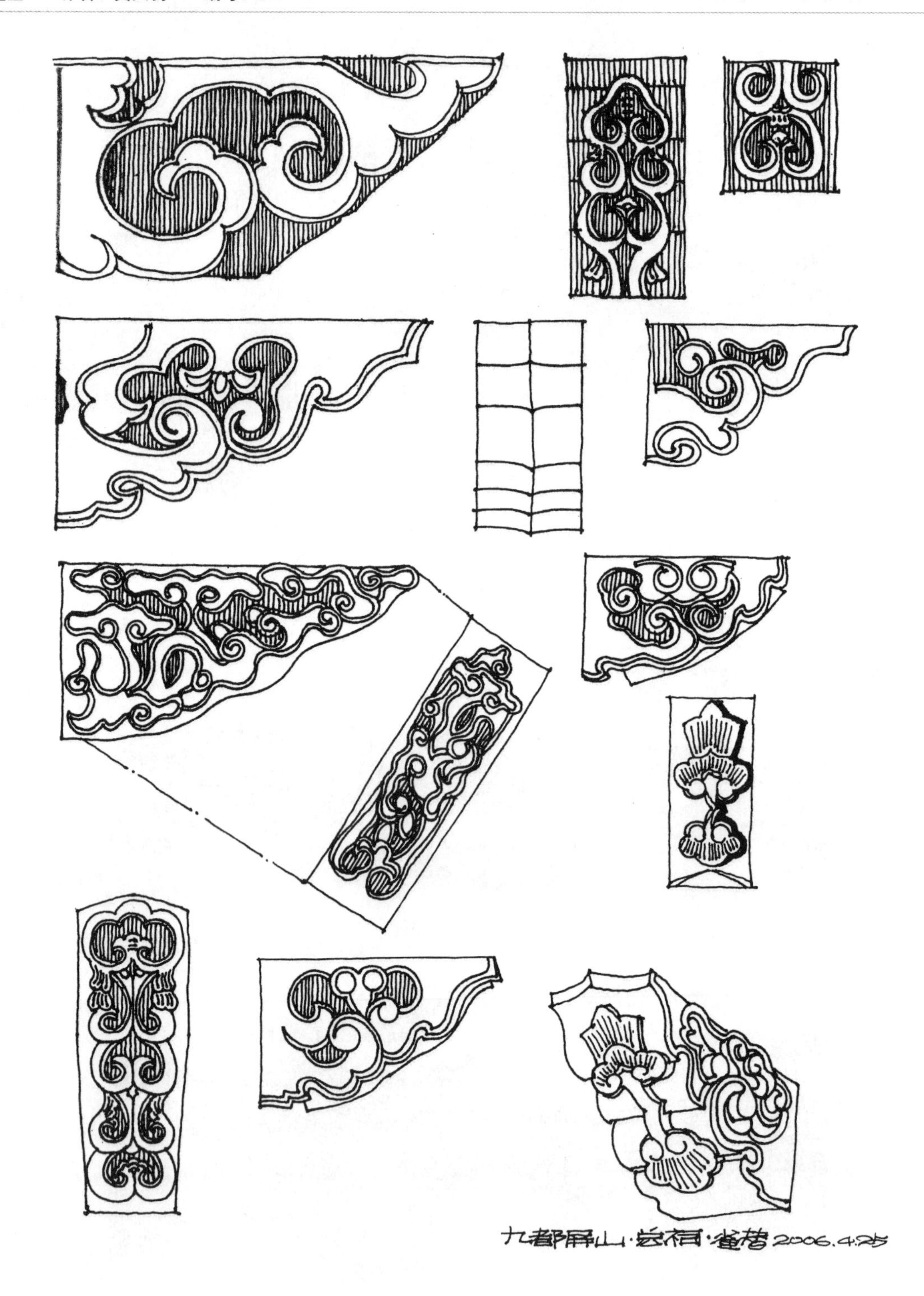
九都屏山·宗祠·雀替 2006.4.25

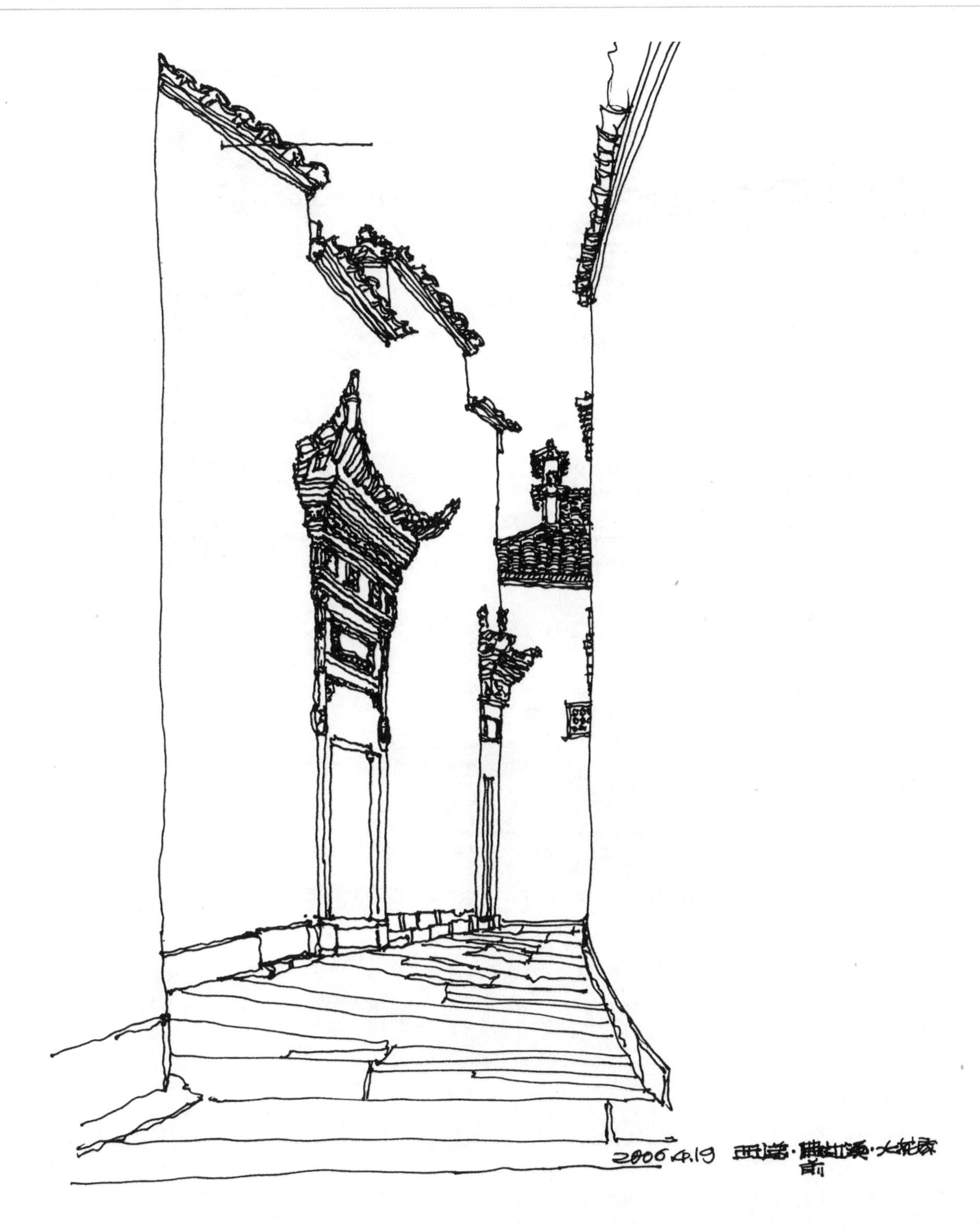
2006.4.19

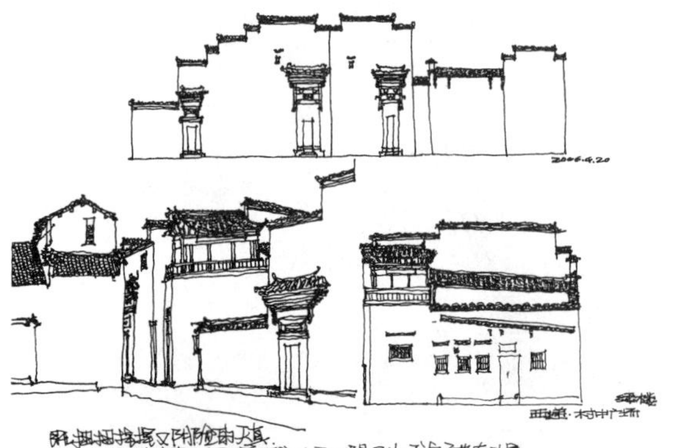

所以，如果说我请求您不要再这么干，那是因为我自己也在斗争。
它独立存在着，但却要人来为它付出代价。
当夜间的睡意从我身边掠过时，我知道它此行的去向，也予以默认。对此进行反抗是愚蠢的，睡眠是最无辜的事情，而失眠者则是罪孽深重的。
假如用大人的知识来理解孩子们的意图，孩子们便会让人感到无名的恐惧。
一个被他自己身上的魔鬼折磨的人，无意识地向身边的人报复。
您对这些可笑的事情采取了宽容的、理解的、爱的态度，并通过您的爱使它们变得高尚
人们在这条路上越走越高兴，直到在光线明亮的一瞬间才发现，根本没有向前走，而只是在他自己的迷宫中来回乱跑，只是比平时跑得更加激动，更加迷乱而已。

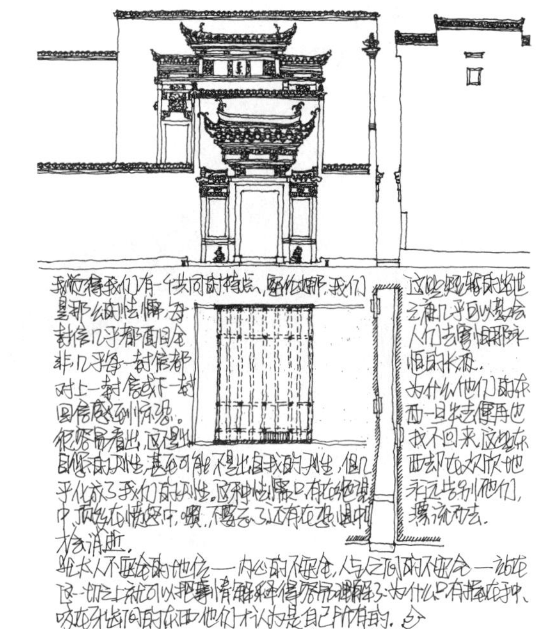

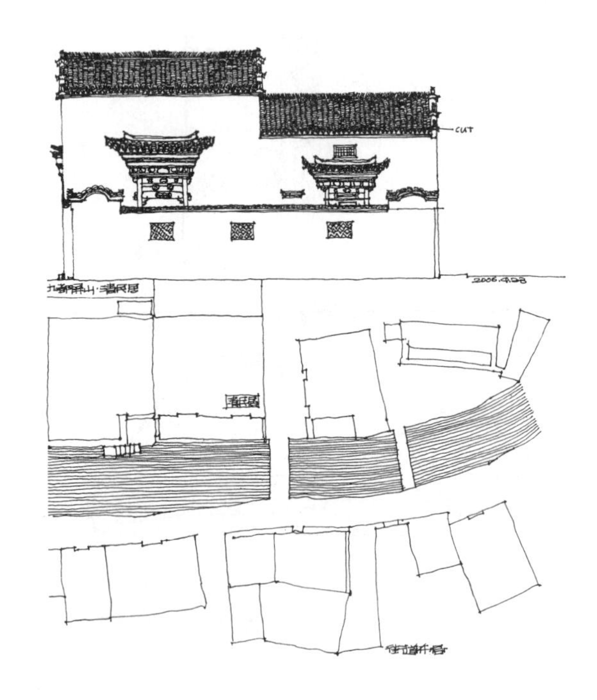

优秀作品选登　　作者：高天阔　　编号：1031

优秀作品选登　　作者：杨旭　　编号：1033

奖项：优秀奖作品　　作者：王锐　　编号：1032

优秀作品选登　　作者：杨旭　　编号：1035

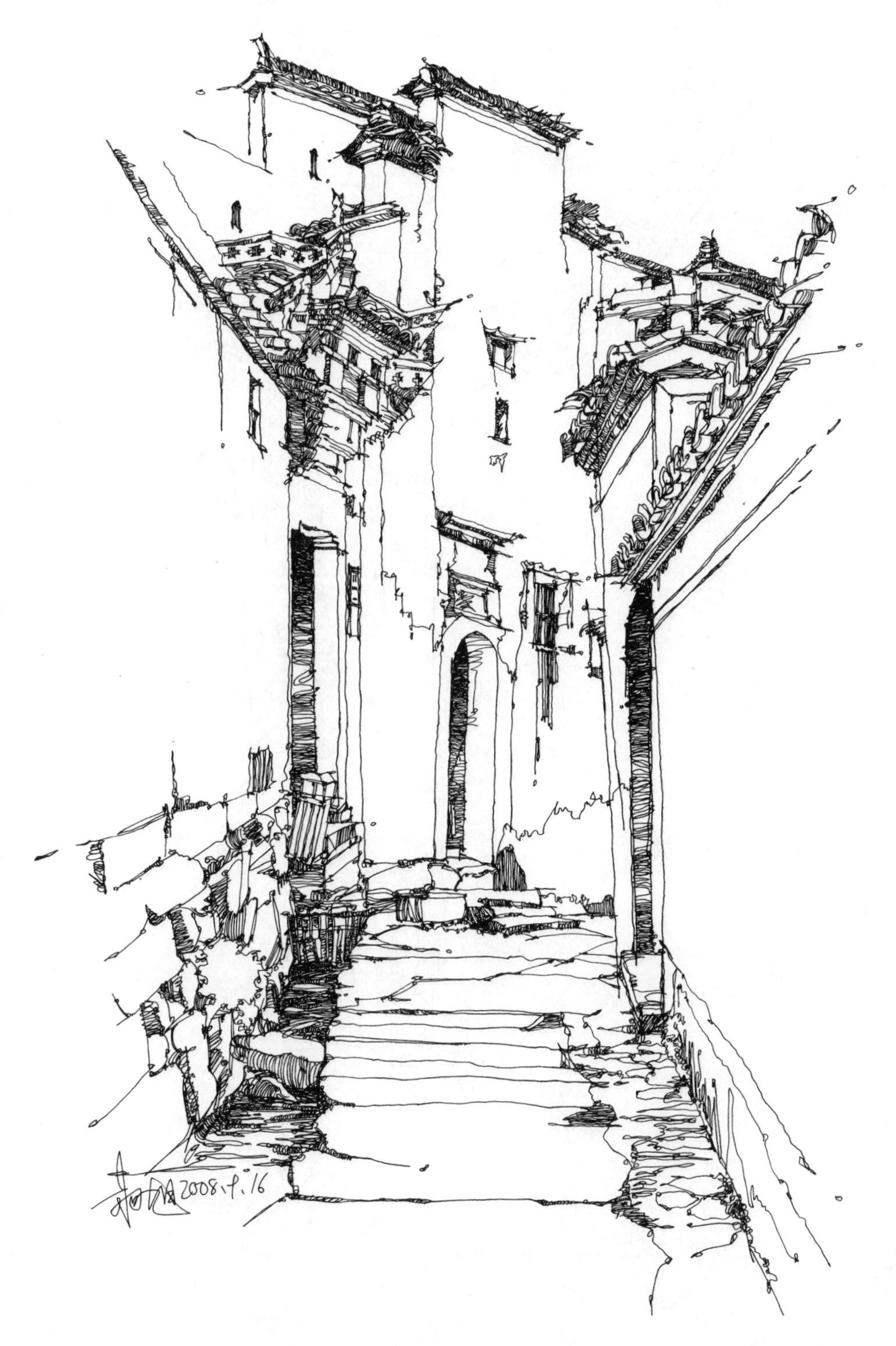
2008.9.16

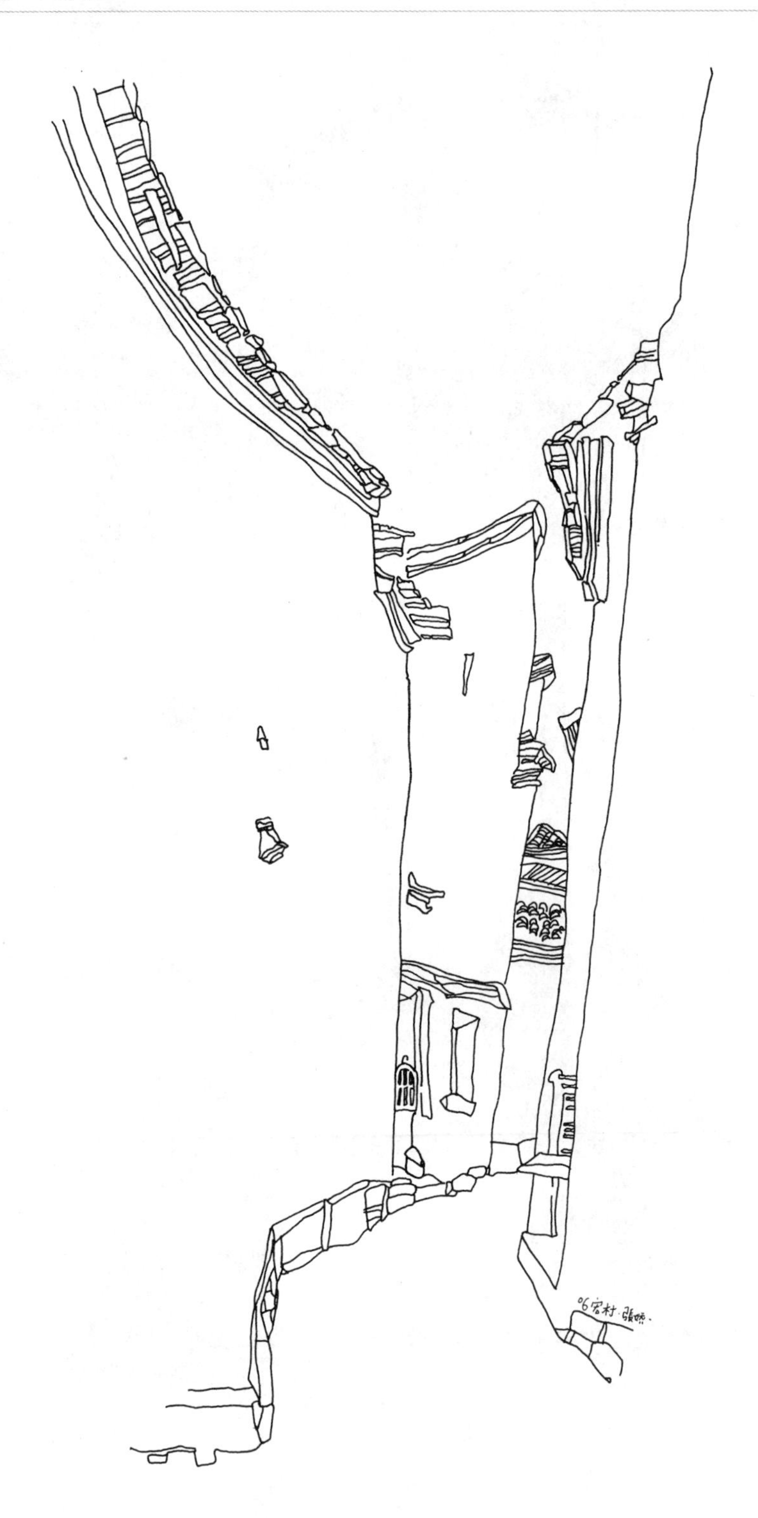

优秀作品选登　作者：杨旭　编号：1036

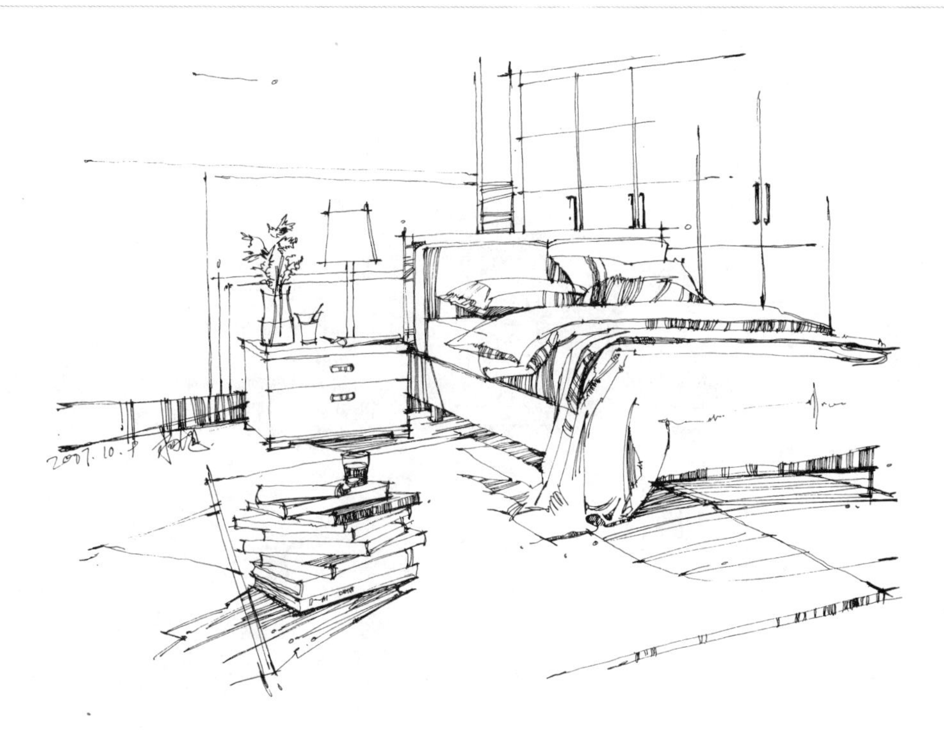

优秀作品选登　作者：吴敏　编号：424

优秀作品选登　　作者：孙峰　　编号：386

优秀作品选登　　作者：孙峰　　编号：390

优秀作品选登　作者：孙峰　编号：391

优秀作品选登　作者：周涛　编号：801

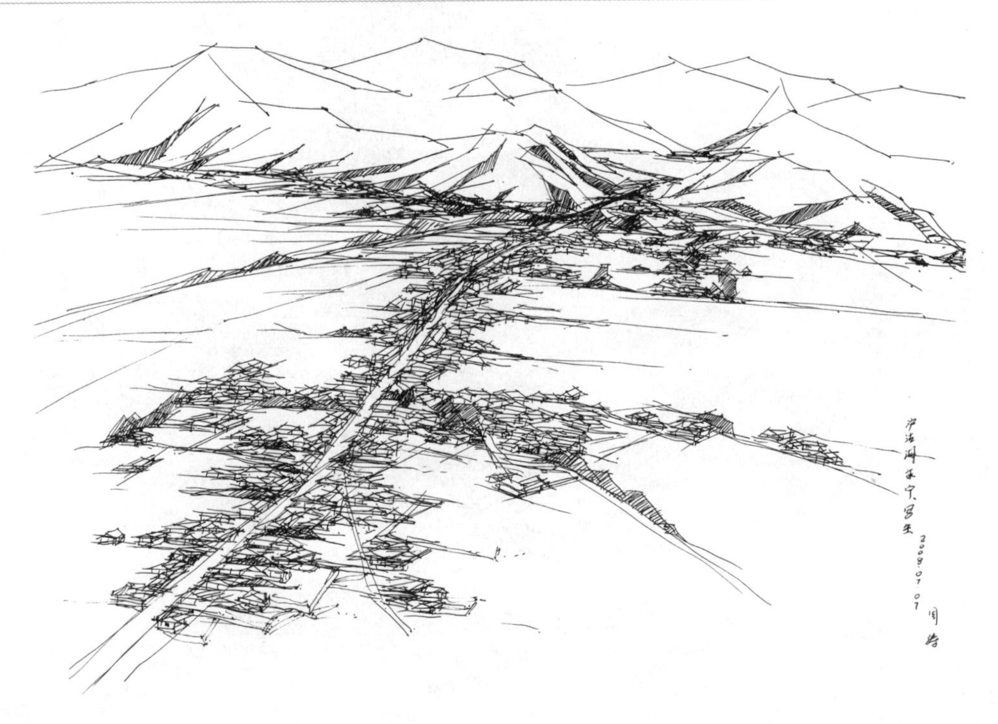

周涛
08.07.08

王纾溪08.画